JN087850

東京大学工学教程

原子力工学
# 放射線生物学

東京大学工学教程編纂委員会 編　　上坂　充　編著
　　　　　　　　　　　　　　　　石川顕一

Radiation Biology
SCHOOL OF ENGINEERING
THE UNIVERSITY OF TOKYO

丸善出版

## 東京大学工学教程
# 編纂にあたって

　東京大学工学部，および東京大学大学院工学系研究科において教育する工学は
いかにあるべきか．1886 年に開学した本学工学部・工学系研究科が 125 年を経
て，改めて自問し自答すべき問いである．西洋文明の導入に端を発し，諸外国の
先端技術追奪の一世紀を経て，世界の工学研究教育機関の頂点の一つに立った
今，伝統を踏まえて，あらためて確固たる基礎を築くことこそ，創造を支える教
育の使命であろう．国内のみならず世界から集う最優秀な学生に対して教授すべ
き工学，すなわち，学生が本学で学ぶべき工学を開示することは，本学工学部・
工学系研究科の責務であるとともに，社会と時代の要請でもある．追奪から頂点
への歴史的な転機を迎え，本学工学部・工学系研究科が執る教育を聖域として閉
ざすことなく，工学の知の殿堂として世界に問う教程がこの「東京大学工学教程」
である．したがって照準は本学工学部・工学系研究科の学生に定めている．本工
学教程は，本学の学生が学ぶべき知を示すとともに，本学の教員が学生に教授す
べき知を示す教程である．

2012 年 2 月

2010-2011 年度
東京大学工学部長・大学院工学系研究科長　北　森　武　彦

東京大学工学教程

# 刊 行 の 趣 旨

　現代の工学は，基礎基盤工学の学問領域と，特定のシステムや対象を取り扱う総合工学という学問領域から構成される．学際領域や複合領域は，学問の領域が伝統的な一つの基礎基盤ディシプリンに収まらずに複数の学問領域が融合したり，複合してできる新たな学問領域であり，一度確立した学際領域や複合領域は自立して総合工学として発展していく場合もある．さらに，学際化や複合化はいまや基礎基盤工学の中でも先端研究においてますます進んでいる．

　このような状況は，工学におけるさまざまな課題も生み出している．総合工学における研究対象は次第に大きくなり，経済，医学や社会とも連携して巨大複雑系社会システムまで発展し，その結果，内包する学問領域が大きくなり研究分野として自己完結する傾向から，基礎基盤工学との連携が疎かになる傾向がある．基礎基盤工学においては，限られた時間の中で，伝統的なディシプリンに立脚した確固たる工学教育と，急速に学際化と複合化を続ける先端工学研究をいかにしてつないでいくかという課題は，世界のトップ工学校に共通した教育課題といえる．また，研究最前線における現代的な研究方法論を学ばせる教育も，確固とした工学知の前提がなければ成立しない．工学の高等教育における二面性ともいえ，いずれを欠いても工学の高等教育は成立しない．

　一方，大学の国際化は当たり前のように進んでいる．東京大学においても工学の分野では大学院学生の四分の一は留学生であり，今後は学部学生の留学生比率もますます高まるであろうし，若年層人口が減少する中，わが国が確保すべき高度科学技術人材を海外に求めることもいよいよ本格化するであろう．工学の教育現場における国際化が急速に進むことは明らかである．そのような中，本学が教授すべき工学知を確固たる教程として示すことは国内に限らず，広く世界にも向けられるべきである．2020年までに本学における工学の大学院教育の7割，学部教育の3割ないし5割を英語化する教育計画はその具体策の一つであり，工学

の教育研究における国際標準語としての英語による出版はきわめて重要である.

　現代の工学を取り巻く状況を踏まえ, 東京大学工学部・工学系研究科は, 工学の基礎基盤を整え, 科学技術先進国のトップの工学部・工学系研究科として学生が学び, かつ教員が教授するための指標を確固たるものとすることを目的として, 時代に左右されない工学基礎知識を体系的に本工学教程としてとりまとめた. 本工学教程は, 東京大学工学部・工学系研究科のディシプリンの提示と教授指針の明示化であり, 基礎(2年生後半から3年生を対象), 専門基礎(4年生から大学院修士課程を対象), 専門(大学院修士課程を対象)から構成される. したがって, 工学教程は, 博士課程教育の基盤形成に必要な工学知の徹底教育の指針でもある. 工学教程の効用として次のことを期待している.

- 工学教程の全巻構成を示すことによって, 各自の分野で身につけておくべき学問が何であり, 次にどのような内容を学ぶことになるのか, 基礎科目と自身の分野との間で学んでおくべき内容は何かなど, 学ぶべき全体像を見通せるようになる.
- 東京大学工学部・工学系研究科のスタンダードとして何を教えるか, 学生は何を知っておくべきかを示し, 教育の根幹を作り上げる.
- 専門が進んでいくと改めて, 新しい基礎科目の勉強が必要になることがある. そのときに立ち戻ることができる教科書になる.
- 基礎科目においても, 工学部的な視点による解説を盛り込むことにより, 常に工学への展開を意識した基礎科目の学習が可能となる.

東京大学工学教程編纂委員会　　委員長　大久保　達　也

幹事　吉　村　　忍

# 原子力工学

# 刊行にあたって

　原子力工学関連の工学教程は全10巻からなり，その相互関連は次ページの図に示すとおりである．この図における「基礎」，「専門基礎」，「専門」の分類は，原子力工学に近い分野を専攻する学生を対象とした目安であり，矢印は各巻の相互関係および学習の順序のガイドラインを示している．すべての工学の基礎である数学・物理学・化学・生物学や，特に関連性の深い工学分野との関係も示している．原子力工学以外の工学諸分野を専攻する学生は，そのガイドラインに従って，適宜選択し，学習を進めて欲しい．

　原子力は，幅広い分野の人材が活躍する総合工学である．また，原子核エネルギーの解放である原子力発電や核融合に加え，核壊変や加速器から生み出される放射線は工業，医療，生命分野などへ応用が広がっている．福島第一原子力発電所事故の教訓を生かし，確固たる学術的基盤に立脚しながら，異なる分野の人材がお互いの分野を理解しながら連携するマネジメントが重要である．さまざまな分野から構成されてはいるが，相互の密接な関連と全体像を俯瞰し，さらに学際的な課題解決に必要な領域に発展していることを意識しながら，工学諸分野を専攻する多くの学生に原子力工学を学ぶ機会をもって欲しい．

＊　　　＊　　　＊

　放射線生物学は，放射線が生物や人体に及ぼす影響や効果，作用を取り扱う分野である．原子核工学IIで解説する放射線が物質に照射されたときに生じる物理的基礎過程，放射線化学で解説する化学的変化を引き金として生体に現れる影響を理解し，人と環境を放射線の悪影響から守るうえで，また，放射線を医療診断や治療に応用するうえで，不可欠の基盤である．この『放射線生物学』では，関係する基礎過程について述べた後，DNA・細胞・組織・臓器・個体といったさまざまなレベルでみられる影響，放射線に対する生体の応答を解説する．本書の内容は，原子力工学はもちろんのこと，工学に携わる多くの学生にとって，有用なものとなっている．

東京大学工学教程編纂委員会<br>原子力工学編集委員会

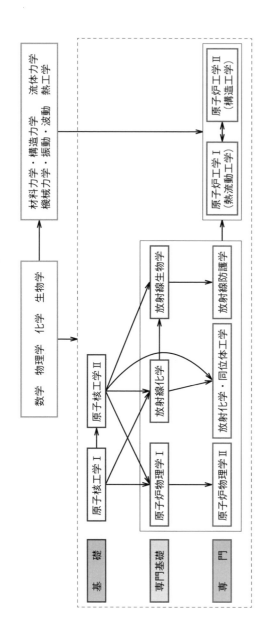

工学教程（原子力工学分野）の相互関連図

# 目　　　次

# は じ め に

　本書は，東京大学工学系研究科原子力国際専攻・バイオエンジニアリング専攻，医学系研究科において実施されている"Radiation Biology"の講義にもとづき，主に工学部4年生，工学系研究科修士課程1年生に向けて，物理，化学から生物学と極めて広範な学問分野にわたり，また社会からの関心も高い「放射線生物学」を理解する一助となるよう作成したものである．

　1章の導入では，空間軸と時間軸の観点からみた事象の捉え方を，ミクロからマクロへとズームアウトして解説し，加えて放射線についての概略を述べた．2章では，物理・化学的な基礎過程として放射線と物質の相互作用を述べている．3章からは生化学，生物学的過程であるDNA，核，細胞への放射線の影響について，4章では組織，臓器，個体レベルでの影響について，図表を多用し，最近の研究の動向を伝えている．

　本書は，物理，機械，システム系の学生にも放射線生物学の概要が理解できるよう，明解な記述を心掛けた．詳細については，巻末に付した参考文献[1-5]を参照されたい．

　ある学生から，「放射線でがんになる」と「放射線でがんが治る」はどのように考えればいいのか，という質問を受けた．その質問に明確な答えが与えられるかが本書の目的の一つとも考える．

放射線で扱う単位(名称)について表1に解説しておく.

表 1　放射線で扱う単位(名称)

| 単位(名称) | 概　念 | 解　説 |
|---|---|---|
| eV<br>(電子ボルト)<br><br>[参照:1章] | 放射線の中の<br>個々の粒子の<br>エネルギー | 電子が1Vの電圧を受けて得るエネルギーで,<br>$1.6 \times 10^{-19}$ J に相当する.<br>X線, $\alpha$ 線, $\beta$ 線, $\gamma$ 線などにも適用される. |
| Bq<br>(ベクレル) | 放射能の量 | 放射性元素が1秒間に壊変(構成の不安定な原子核が放射線($\alpha$ 線, $\beta$ 線, $\gamma$ 線)を出すことにより他の安定な原子核に変化する現象のこと)するときに出す放射能の量(放射線の数).1秒間に1個壊変する放射能の量が「1 Bq(ベクレル)」である.この量は,放射能の強さ(放射線量)に比例する.放射線の種類にかかわらず用いられる.<br>旧単位 Ci(キュリー)との関係は,$1\,\mathrm{Bq} = 2.7 \times 10^{-11}$ Ci $= 27$ pCi である. |
| Gy<br>(グレイ) | 吸収線量<br>(被ばく線量) | $1\,\mathrm{Gy} = 1\,\mathrm{J/kg}$.物質1kgが放射線から1Jのエネルギーを吸収したときの吸収線量(被ばく線量)が1Gy(グレイ)である.1Jは約0.24 cal.放射線,物質の種類にかかわらず用いられる.<br>4 Gy が半数致死線量(lethal dose:$\mathrm{LD}_{50/60}$)とよばれ,体重70 kg のヒトが全身に急激に照射されたとき(4 Gy×70 kg→280 J のエネルギーを吸収したとき),50%が60日以内で死に至る線量である.旧単位 rad(ラド)との関係は,$1\,\mathrm{Gy} = 100\,\mathrm{rad}$ である. |
| Sv<br>(シーベルト)<br><br>[参照:4章] | 被ばくによる<br>生体の生物学<br>的影響の大き<br>さ | 被ばく管理のため,防護を目的として使われる単位.等価線量,実効線量などに使用.物理的単位では,J/kg.<br>・等価線量<br>臓器の被ばく量.(臓器吸収線量)×(放射線加重係数)で表される.<br>放射線の種類に影響される.放射線加重係数は表2のとおり.<br>旧単位 rem(レム)との関係は,$1\,\mathrm{Sv} = 100\,\mathrm{rem}$ である.<br>・実効線量:$E$<br>臓器の被ばく量の身体全体における相対的な影響の大きさ.<br>人体の臓器 T の等価線量を $H_\mathrm{T}$,組織加重係数(表3)を $w_\mathrm{T}$ とするとき,$E = H_\mathrm{T} \times w_\mathrm{T}$ で表される. |

表 2　放射線加重係数の勧告値

| 放射線のタイプ | 放射線加重係数 $w_R$ |
|---|---|
| 光子 | 1 |
| 電子とミュー粒子 | 1 |
| 陽子と荷電パイ中間子 | 2 |
| アルファ粒子，核分裂片，重イオン | 20 |
| 中性子 | 中性子エネルギーの連続関数 |

すべての数値は，人体へ入射する放射線，または，内部放射線源に関しては取り込まれた放射性核種から放出される放射線に関係する．
『国際放射線防護委員会の 2007 年勧告（日本語版）』（（社）日本アイソトープ協会，2009）

表 3　組織加重係数の勧告値

| 組　　織 | $w_T$ | $\Sigma w_T$ |
|---|---|---|
| 骨髄(赤色)，結腸，肺，胃，乳房，残りの組織* | 0.12 | 0.72 |
| 生殖腺 | 0.08 | 0.08 |
| 膀胱，食道，肝臓，甲状腺 | 0.04 | 0.16 |
| 骨表面，脳，唾液腺，皮膚 | 0.01 | 0.04 |
| 合計 | | 1.00 |

＊残りの組織：副腎，胸郭外(ET)領域，胆嚢，心臓，腎臓，リンパ節，筋肉，口腔粘膜，膵臓，前立腺(♂)，小腸，脾臓，胸腺，子宮/頸部(♀)．
『国際放射線防護委員会の 2007 年勧告（日本語版）』（（社）日本アイソトープ協会，2009）

桁数の単位を表 4 に示しておく．

表 4　桁数の単位

| 小さいほう | | 大きいほう | |
|---|---|---|---|
| m（ミリ） | $10^{-3}$ | k（キロ） | $10^3$ |
| μ（マイクロ） | $10^{-6}$ | M（メガ） | $10^6$ |
| n（ナノ） | $10^{-9}$ | G（ギガ） | $10^9$ |
| p（ピコ） | $10^{-12}$ | T（テラ） | $10^{12}$ |
| f（フェムト） | $10^{-15}$ | P（ペタ） | $10^{15}$ |
| a（アト） | $10^{-18}$ | | |

# 1  放射線生物学の基礎

## 1.1  放射線と原子と原子核

　本節では**放射線**と**原子**と**原子核**の関係を概説する．表 1.1 に**放射線**の種類とエ
ネルギーをまとめる．ここで光，電磁波，X 線はすべて**電磁波**に含まれる．電
磁波の波長，周波数(振動数)，エネルギーの違いによる呼称を図 1.1 に示す．電
子は，電場によって減速したり，光速近くまで加速されて磁場によって曲げられ
ると，電磁波を発生する．前者を**制動放射**，後者を**シンクロトロン放射**という．

表 1.1  放射線の種類とエネルギー

| | |
|---|---|
| 電子が発する光，電磁波 | 低エネルギー(eV 以下) |
| 原子が発する電子，X 線 | 中エネルギー(keV 程度) |
| 原子核から発する放射線($\alpha$, $\beta$, $\gamma$ 線) | 高エネルギー(MeV 以上) |

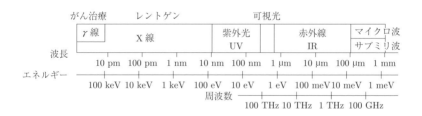

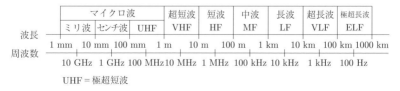

図 1.1  電磁波の波長，周波数，エネルギーと呼称

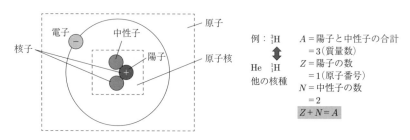

図 1.2　原子・原子核・核子・核種

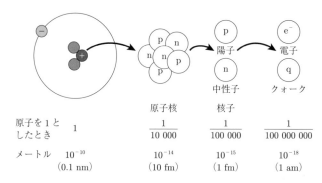

図 1.3　原子・原子核・核子・電子の大きさ

　次に，原子，原子核とそれらからの放射線の発生を説明する．図1.2に原子・原子核の構造を模式的に示す．原子は原子核とその周りを周回する**電子**で構成される．原子核は核子が結合してできている．**核子**とは正の電荷をもつ**陽子**と電気的に中性の**中性子**の2種類がある．陽子の数を**原子番号**，陽子と中性子の数を足したものを**質量数**という．**元素**とは原子番号，すなわち原子核に存在する陽子の数で区分される．陽子，中性子の数で規定される原子核を**核種**という．これらのその大きさを模式的に示したものが図1.3である．陽子，中性子など核子は6種類のクォークの組合せによって構成される．

　次に，原子が発する**電子**，**X線**の原理を説明する．図1.4に示したように，原子核を周回する電子には複数の軌道と，量子力学で決まるエネルギー準位がある．電磁波が入ってくると，電子をはじき出すことがある．一方，電子がエネルギーの高い準位$(E_2)$から低い準位$(E_1)$に落ちるとき，そのエネルギー差

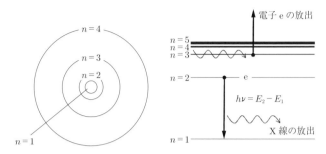

**図 1.4** 原子内軌道電子のエネルギー準位とエネルギー放出

$(h\nu = E_2 - E_1)$ が電磁波となって放出される．この場合，エネルギー準位差のエネルギーの電磁波は X 線の領域となる．

次に，**核子の結合エネルギー**を説明する．相対性理論より，エネルギーと質量の等価性が次式のように導かれる．

$$E = mc^2 \tag{1.1}$$

ここで，$E$ はエネルギー，$m$ は質量，$c$ は光速である．

式 (1.1) を使うと電子の質量は $9.11 \times 10^{-31}$ kg, $0.511$ MeV, 陽子の質量は $1.67 \times 10^{-27}$ kg, $938$ MeV となる．図 1.5 に，元素ごとの核子あたりの結合エネルギーの違いを示す．陽子と中性子は，結合して原子核を構成すると，右図のように，井戸のような，エネルギーの低い安定状態に落ちる．その減ったエネルギーを，原子核を構成する核子の数で割ったものの質量数の違いを左図で示している．左図から，陽子・中性子は結合して，エネルギーを失った分軽くなったことがいえる．核子あたりの結合エネルギーが大きいほど原子核は安定である．鉄 (Fe) が最も安定である．左図は Fe より軽い核種は融合して，重い核種は分裂して，より安定になろうとする可能性があることを示している．

表 1.2 にまとめたように，陽子数が同じで中性子数が異なるものを**同位体**，質量数が同じものを**同重体**，中性子数が同じで陽子数が異なるものを**同中性子核（アイソトーン）**，陽子数と中性子数が同じでも前述の結合エネルギーが違うものを**核異性体（アイソマー）**という．

ここで図 1.6 に核種の安定・不安定と **α, β, γ 崩壊（壊変）**の原理を説明する．左図は，核種を横軸に陽子数，縦軸に中性子数にして分けたものである．黒い点

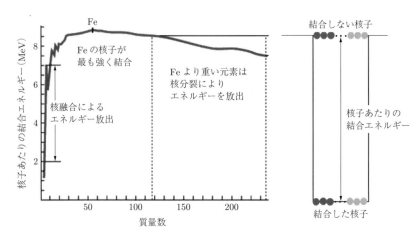

図 1.5    元素ごとの核子の結合エネルギー

表 1.2    同位体・同重体・同中性子核・核異性体

| 同位体 | 同じ電荷 $Z$ をもち，中性子数 $N$（したがって異なる質量数 $A$）が異なる原子核（核種）<br>${}^{12}_{6}\text{C} \Leftrightarrow {}^{13}_{6}\text{C} \Leftrightarrow {}^{14}_{6}\text{C}$    ${}^{238}_{92}\text{U} \Leftrightarrow {}^{235}_{92}\text{U}$<br>化学的には同等である（同じ化学的性質をもつ） |
|---|---|
| 同重体 | 同じ質量数 $A$ をもち，陽子数 $Z$ が異なる原子核（核種）<br>${}^{3}\text{H} \Leftrightarrow {}^{3}\text{He}$    ${}^{14}\text{C} \Leftrightarrow {}^{14}\text{N}$ |
| 同中性子核<br>（アイソトーン） | 同じ中性子数 $N$ をもつが，陽子数 $Z$ が異なる原子核（核種）<br>${}^{14}\text{C}_8 \Leftrightarrow {}^{16}\text{O}_8$ |
| 核異性体<br>（アイソマー） | $10^{-6}$ 秒を超えて原子核の励起状態を保つものを準安定状態と捉えた原子核<br>${}^{99m}_{43}\text{Tc}$ |

が安定な核種を表している．陽子数が同じでも中性子が異なる同位体が存在し，それらは結合エネルギーが安定核より低く，$\alpha$, $\beta$, $\gamma$ 崩壊して安定核になろうとする．**$\alpha$ 崩壊**の場合，陽子，中性子が 2 個ずつのヘリウム原子核と同等の $\alpha$ 線を放出して安定になろうとする．**$\beta$ 崩壊**の場合，$\beta^-$ 線（電子と同等）を放出する場合は中性子が陽子に変わり，$\beta^+$ 線（陽電子と同等）を放出する場合は陽子が中性子に変わって安定になろうとする．そのようにして，陽子と中性子が安定核と同

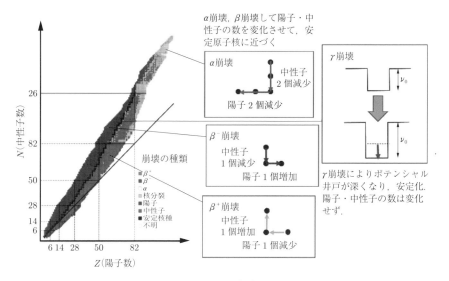

図 1.6 $\alpha$, $\beta$, $\gamma$ 崩壊の原理

じになってもまだエネルギー状態が高い場合，$\gamma$ 線を放出して安定になろうとする．これが表 1.1 で説明した，原子核が $\alpha$, $\beta$, $\gamma$ 線を発する原理である．

## 1.2 放射線生物作用の空間スケールと時間スケール

放射線生物作用は，空間スケールと時間スケールの観点から，物理的・化学的・生物学的過程に展開できる．まずその空間スケールについて図 1.7 に示す．**DNA**(deoxyribonucleic acid，デオキシリボ核酸)の大きさはほぼ幅 2 nm，長さ 2 m である．細胞核は 1 μm，細胞は数 μm 程度である．

その時間スケールは，おおよそ，物理的過程がアト秒(as)〜ピコ秒(ps)，化学

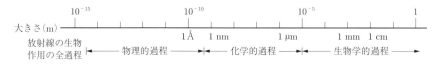

図 1.7 放射線の生物作用の全過程と大きさ
山口彦之：『放射線生物学』第 4 版 9 刷(裳華房，2011)

的過程がナノ秒(ns)〜マイクロ秒(μs)，生化学的過程がマイクロ秒〜ミリ秒(ms)，生物学的過程が秒(s)〜時間(h)，医学的過程が時間〜年(y)となる(図1.8)．X線，電子，陽子，中性子，原子核，原子が放射線となってほぼ光速$3×10^8\,\mathrm{m\,s^{-1}}$で生体に入射してくる．物理的過程の散乱によるエネルギー付与について，標的は原子核(大きさ$10^{-14}$ m)，原子($10^{-10}$ m)，分子($10^{-10}$ m〜)，DNAである．標的の大きさを光速で割れば初めの物理的過程である原子核や原子での散乱の時間スケールの短さがわかる．その後，励起された原子核から$α$，$β$，$γ$線が飛び出す．また励起された原子，分子から軌道電子が電離し，生体水中で水分子に囲まれた水和電子が生じ，数多くの水化学反応，DNAの化学的相互作用が起こる．この化学的過程は細胞核，細胞内で$μ$mのオーダーである．生化

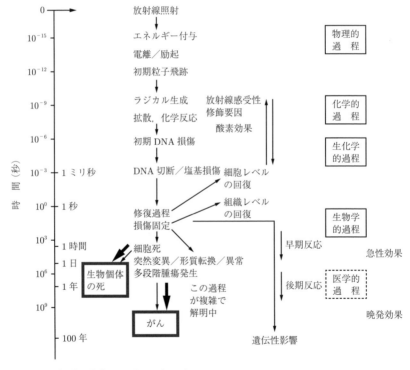

図 1.8　放射線生物作用の発現過程の時間スケール
UNSCEAR 報告 2000，青山　喬，丹羽太貴 編著：『放射線基礎医学　第 12 版』（金芳堂，2013）図 9.3 を改変

学的，生物学的，医学的過程は細胞膜から分子が抜け出して，μm〜組織，生体サイズになっていく．

　以上の説明でわかるように，放射線生物学は，空間スケール的にも時間スケール的にも極めて広範的であり，物理，化学，生化学，生物学，医学を包含する広い学問体系をもつ．

## 1.3　放　射　線　源

　放射線生物学で扱う**放射線源**は人工的なものであり，**放射線同位元素**と**加速器**に分けられる．

　まず放射線生物学に関わる重要な放射線同位元素とその基本事項，応用を表1.3に示す．

　次に，**加速器**の概説をする．詳しくは事典[2, 3]，文献[4]を参照されたい．加速器は，**静電加速器**と**高周波加速器**に区別される．前者は，真空中に置かれた陽，陰極に数 MV の高電圧を掛けて，電子やイオンを加速する．粒子のエネルギーは数 MeV 程度まであるが，ビーム強度は大きいのが特徴である．その構造を図 1.9 に示す．高電圧の掛け方について，整流器を使った昇電圧回路を使うタイプを**コッククロフト・ウォルトン型**(図(a))といい，特殊なベルト(絶縁ベルト)を回して電荷を移動させるタイプを**バンデグラフ型**(図(b))という．バンデグラフ型のうち，一度加速された負イオンを電荷変換膜を通して，電子をはぎとり正イオンにして，もう一度加速するタイプを**タンデム型**(図(c))という．この加速器は数 MeV 程度の低エネルギーで大電流であることが特徴である．

　また医療診断や非破壊検査に使用される 400 keV 以下の低エネルギー X 線源として，**X 線管**を説明する．その構造を図 1.10 に示す．陰極から発せられた電子は印加電圧を感じて陽極に衝突し，電子の速度が光速より十分遅いので電子の進行方向(陰極から陽極へ)と垂直に X 線が発生する．電子照射による単位面積あたりの熱負荷を低減するために，陽極は回転している．電圧は，医療診断では 50〜150 kV，非破壊検査では対象が鉄鋼などで重厚なため 200〜400 kV となっている．

　高周波加速器は直線状に粒子を加速する**線形加速器**(リニアック，ライナック)と，円形の軌道で加速する**サイクロトロン**，**シンクロトロン**がある．線形加速器の構造の 1 例として**がん治療用電子線形加速器**の構造を図 1.11 に示す．マイク

**表 1.3**　放射線生物学に関する重要な放射性同位元素

| 核種 | 半減期 | 崩壊形式 | $\beta^-$ 線の最大エネルギー [MeV] | $\gamma$ 線のエネルギー [MeV] | 主な生成反応 | 主な応用 |
|---|---|---|---|---|---|---|
| $^3$H | 12.3 年 | $\beta^-$ | 0.0186 | — | $^6$Li$(n,\alpha)^3$H | 核融合反応 (DT 反応) |
| $^{11}$C | 20.4 分 | $\beta^+$, EC | — | 0.511 * | $^{14}$N$(p,\alpha)^{11}$C | がん診断 |
| $^{14}$C | 5730 年 | $\beta^-$ | 0.0156 | — | $^{14}$N$(n,p)^{14}$C | 放射年代測定 |
| $^{18}$F | 110 分 | $\beta^+$, EC | — | 0.511 * | $^{18}$O$(p,n)^{18}$F | がん診断 |
| $^{22}$Na | 2.6 年 | $\beta^+$, EC | — | 1.275, 0.511 * | $^{24}$Mg$(d,\alpha)^{22}$Na | |
| $^{32}$P | 14.26 日 | $\beta^-$ | 1.71 | — | $^{32}$S$(n,p)^{32}$P | 代謝経路検査 |
| $^{35}$S | 87.5 日 | $\beta^-$ | 0.167 | — | $^{34}$S$(n,\gamma)^{35}$S | タンパク質・核酸の追跡 |
| $^{36}$Cl | $3.01 \times 10^5$ 年 | $\beta^-$, $\beta^+$, EC | 0.709 | — | $^{35}$Cl$(n,\gamma)^{36}$Cl | |
| $^{40}$K | $1.28 \times 10^9$ 年 | $\beta^-$, $\beta^+$, EC | 1.33 | 1.461 ** | 天然存在比 0.0117% | カリウム-アルゴン放射年代測定 |
| $^{45}$Ca | 164 日 | $\beta^-$ | 0.257 | — | $^{44}$Ca$(n,\gamma)^{45}$Ca | カルシウム代謝検査 |
| $^{60}$Co | 5.27 年 | $\beta^-$ | 0.318 | 1.173, 1.333 | $^{59}$Co$(n,\gamma)^{60}$Co | 非破壊検査, 脳腫瘍治療 |
| $^{67}$Ga | 3.26 日 | EC | | 0.093, 0.184, 0.300 | $^{68}$Zn$(d,n)^{67}$Ga | 慢性感染症検査 |
| $^{90}$Y | 2.67 日 | $\beta^-$ | 2.28 | | $^{235}$U$(n,f)^{90}$Sr$\to^{90}$Y | 非ホジキンリンパ腫治療 |
| $^{99}$Tc | 6.01 時間 | IT | | 0.141 | $^{235}$U$(n,f)^{99}$Mo$\to^{99m}$Tc | 骨・脳・心臓・肝臓等の検査 |
| $^{123}$I | 13.3 時間 | $\beta^+$, EC | | 0.159 | $^{124}$Xe$(p,2n)^{123}$Cs$\to^{123}$I | 甲状腺のヨウ素摂取率検査 |
| $^{125}$I | 60.1 日 | EC | | $^{125}$Te : 0.035 | $^{124}$Xe$(n,\gamma)^{125}$Xe$\to^{125}$I | 放射免疫測定, 小線源療法 |
| $^{131}$I | 8.04 日 | $\beta^-$ | 0.606 | 0.364, 0.637 ほか | $^{235}$U$(n,f)^{131}$I | 甲状腺がん治療 |
| $^{133}$Xe | 5.24 日 | $\beta^-$ | 0.346 | 0.081 | $^{235}$U$(n,f)^{133}$Xe | 肺機能検査 |
| $^{137}$Cs | 30 年 | $\beta^-$ | 1.17 | 0.662 | $^{235}$U$(n,f)^{137}$Cs | 密度計, 流量計 |
| $^{198}$Au | 2.7 日 | $\beta^-$ | 0.961 | 0.412, 0.676, 1.088 | $^{197}$Au$(n,\gamma)^{198}$Au | 前立腺がん治療 |
| $^{201}$Tl | 3.04 日 | EC | | 0.135, 0.167 | $^{203}$Tl$(p,3n)^{201}$Pb$\to^{201}$Tl | 心筋の検査 |

\* 陽電子 $(\beta^+)$ と電子 $(e^-)$ の対消滅

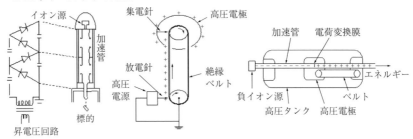

(a)　コッククロフト・ウォルトン型　　　(b)　バンデグラフ型　　　(c)　タンデム型

**図 1.9**　静電加速器の構造

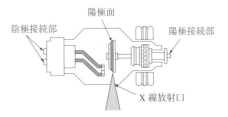

陰極接続部　　陽極面　　陽極接続部

X 線放射口

図 **1.10**　X 線管の構造

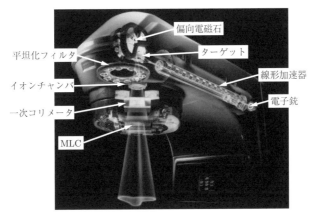

偏向電磁石

平坦化フィルタ　　ターゲット

イオンチャンバ　　線形加速器

一次コリメータ　　電子銃

MLC

図 **1.11**　がん治療用電子線形加速器の構造
Image courtesy of Varian medical systems, Inc. All rights reserved.

ロ波領域(1.4〜30 GHz)の電磁波の共振空洞が直線状に連結された加速管に電子
銃から電子が入射され,加速される.加速された電子は偏向電磁石がつくる磁場
によって $\alpha$ 型の軌道を描いてタングステンターゲットに照射され,X 線が発生
し,がん治療に用いられる.線形加速器は電子の場合 1 GeV 程度まで,イオン
の場合数百 MeV まで加速できる.電子ビームの強度は静電加速器より小さい.
　サイクロトロンの構造の例を図 1.12 に示す.発生磁場が時間的に変化しない
電磁石中に置かれたディー電極とよばれる数個の電極が配置されている.電極に
は高周波電源が接続され,荷電粒子は電極外で常に加速を受けるように,装置が
設計されている.エネルギーが大きくなるにつれて荷電粒子の軌道の半径は大き
くなるため,図のように荷電粒子はらせん状の軌道を描いて加速される.電子・

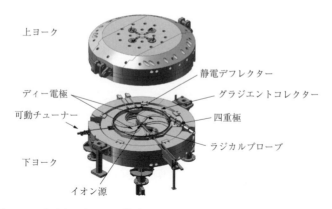

上ヨーク

静電デフレクター

グラジエントコレクター

ディー電極

可動チューナー

四重極

ラジカルプローブ

下ヨーク

イオン源

図 1.12　サイクロトロンの構造
M. Uesaka and K. Koyama : Rev. Accel. Sci. Technol. **9**(2016)235.

イオンとも数百 MeV 程度まで加速することができる．**陽子線がん治療用装置や**
**PET 診断用放射性薬剤製造**に多く適用されており，最近では**ホウ素中性子捕捉**
**療法**(boron neutron capture therapy：**BNCT**)への適用が進められている．

　シンクロトロンの1例として，図 1.13 に**重粒子**(主に炭素)**線がん治療用シン**
**クロトロン**(放射線医学総合研究所)を示す．まず最上部に見える線形加速器で数
十 MeV まで加速し，シンクロトロンに打ち込まれる．シンクロトロンは複数の
電磁石がリング状に配置され，リングの数ヵ所に共振空洞が設置されている．荷
電粒子は共振空洞で加速される．荷電粒子は加速されても常に同じ曲率半径をも
つように，電磁石の強度を時間的に変化させる．イオンの場合，がん治療用に
300 MeV 程度まで，高エネルギー物理用には数 TeV まで加速することができる．
電子の場合，放射光利用のため 8 GeV 程度まで加速できる．それ以上加速しよ
うとすると，電磁石が曲げられたときに発生する放射光のエネルギー損失が大き
くなり非効率となる．したがって高エネルギー物理用電子・陽電子衝突型加速器
では，シンクロトロンでなく線形加速器が採用される．

　電子とイオンの場合の利用エネルギーと選択される加速器の種類を図 1.14 に
示す．医療診断用(50〜150 keV)や非破壊検査(400 keV まで)で使用される X 線
管は，電子が陰極で発生されて陽極で加速されて衝突し，そこで X 線が発生さ
れるため，電子静電加速器の一種ともいえる．

　近年，**医療用加速器**は小型化が図られ，高機能化，低コストが進展している．

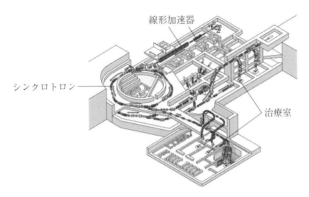

線形加速器

シンクロトロン

治療室

**図 1.13** シンクロトロンの構造：重粒子線がん治療装置 HIMAC　HIMAC 模型図
国立研究開発法人　量子科学技術研究開発機構 HP

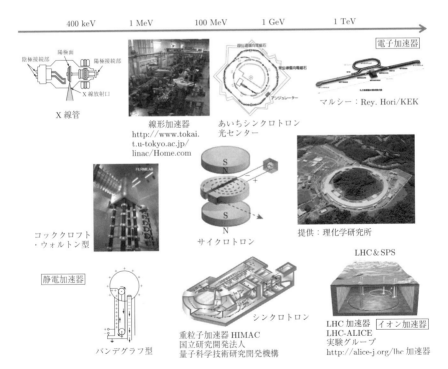

**図 1.14**　加速器のエネルギーと種類

電子線形加速器

Image courtesy of
Varian Medical
Systems, Inc.
All rights reserved.

日本アキュレイ
株式会社

三菱重工技報 49(1)
(2012)48．C バンド,
X 線 CT 一体型

日本アキュレイ
株式会社

株式会社アキュセラ

Ｓバンド，ガントリ型

Ｘバンド，ロボット型

シンクロトロン

国立研究開発法人
量子科学技術研究
開発機構 HP

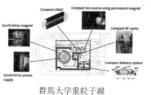
群馬大学重粒子線
医学研究センター

配置の最適化

神奈川県立がん
センター重粒子
線治療施設

東芝エネルギーシステムズ
株式会社　　　超伝導

サイクロトロン

国立がんセンター東病院

上下配置式小型
陽子線治療設備
(相澤病院)
提供：住友重機械
工業株式会社

超伝導
Rev. Accel. Sci.Technol. 2
(2009) 154.

図 1.15　医療用加速器の発展と小型化

その様子を図 1.15 に示す．**電子線形加速器**は加速に使われるマイクロ波の周波
数が上がり，また波長が小さくなり，共振空洞である加速管が小さくなる．周波
数は図の電子線形加速器の例では，左からＳバンド(周波数 2.856 GHz，波長 105
mm)でガントリ型(加速器が患者の辺りを回転)，ＳバンドとＣバンド(5.712
GHz，78 mm)のＸ線 CT (computed tomography)と一体型，右の二つはＸバン
ド(9.3 GHz，39 mm)でロボット型である．小型化による CT との一体化や，ロ

ボットに搭載されたさまざまな方向からの照射や動体追跡治療が可能になっている．シンクロトロンは機器の配置を極力狭くしたり，建屋の数階に配置したり，最適化を図り，小型化している．サイクロトロンは配置の最適化も行われているが，電磁石に超電導電磁石を適用することによって，サイクロトロン本体をガントリ型にして患者の周辺を回転し，照射が可能なものも開発されている．

## 1.4 放射線生物学・医療での放射線の役割

放射線生物学研究および放射線医療(放射線診断・放射線治療)における放射線の役割をまとめる．

まず，放射線生物学研究における放射線源と分析法を，図1.7，1.8 で説明した，大きさと時間のスケールに順じて，表1.4 にまとめた．詳細は図中に記した本書の章・節・図を参照されたい．

また，放射線診断・治療における，原理・手法，放射線の種類，装置・放射線源，診断と治療の対象を表1.5 にまとめた．詳細は文献[5]を参照されたい．表から明確なように，放射線医療は医学と物理の融合分野である．放射線医療を支援する分野として**医学物理**がある．医学物理は，放射線物理，診断・治療システム，治療計画，放射線計測，安全管理などよりなる．ぜひ文献[6〜8]を参照されたい．

**表1.4** 放射線生物学における放射線源と分析法

| 放射線生物学過程 | 放射線源と分析法 |
|---|---|
| 放射線照射 | 放射性同位元素(表1.3)/ 加速器(図1.9〜15) |
| 物理的過程 | 放射線と物質の相互作用(2.1 節) |
| 化学的過程 | 放射線化学反応(2.2 節)分析 |
| DNA 損傷・修復・固定 | $\gamma$-H2AX 蛍光免疫染色法(図3.11，3.13，3.14，3.16)/ 分子コーミング法(図3.9) コメットアッセイ法(図3.10) アガロースセル電気泳動法(図3.7) |
| 染色体異常 | 光学顕微鏡観察(図3.41，3.42) |
| 細胞挙動 | Fussi システム(細胞周期観察)(図3.5) 細胞生存率曲線評価(3.3.1 項) |
| 組織・個体レベル影響 | 動物実験 被ばく統計分析(4 章) |

表 1.5   放射線診断・治療に使用される放射線源・対象

| 診断/治療 | 原理・手法 | 放射線の種類 | 装置・放射線源 | 対　象 |
|---|---|---|---|---|
| 診断 | X 線透過 | X 線管 | レントゲン撮影装置・CT | 疾患の構造変化 |
| | 磁気共鳴イメージング (MRI) | 超伝導磁石・パルス高周波源 | MRI (magnetic resonance imaging)(磁気共鳴で水素原子分布計測) | 疾患の構造変化・機能変化 (血流・循環液) |
| | 陽電子放射型断層撮影 (PET) | $\beta^+$ 線放出 RI($^{18}$F, $^{11}$C, $^{13}$N, $^{15}$O, $^{64}$Cu, $^{68}$Ge, $^{89}$Zr) | PET (positron emission tomography)(陽電子消滅時放出の 2 つの $\gamma$ 線 (0.51 MeV) を検出し,疾患を 3 次元画像化) | 悪性腫瘍・虚血性心疾患 |
| | $\gamma$ 線イメージング | $\gamma$ 線放出 RI($^{99m}$Tc, $^{201}$Tl, $^{123}$I, $^{67}$Ga) (0.1〜0.2 MeV) | SPECT (single photon emission CT)($\gamma$ 線を検出し,疾患を 3 次元画像化) | 脳血流・腎疾患・パーキンソン病・心疾患・悪性腫瘍・炎症 |
| 治療 | 外用(加速器・RI からの放射線を外から照射) | X 線 | 電子線形加速器 X 線源 (6〜10 MeV) | 悪性腫瘍・脳動静脈奇形等 |
| | | $\gamma$ 線($^{60}$Co) (1.17, 1.33 MeV) | ガンマナイフ | 脳腫瘍・脳動静脈奇形等 |
| | | 陽子 | サイクロトロン・シンクロトロン(〜200 MeV) | 悪性腫瘍 |
| | | 炭素 | シンクロトロン(常・超伝導)(〜400 MeV) | 悪性腫瘍 |
| | 内用(RI 薬剤を注射し,がんに集積させて内部から照射) | $\gamma$ 線 ($^{125}$I, $^{192}$Ir, $^{60}$Co) (0.03〜1.3 MeV) | 小線源治療($\gamma$ 線放出 RI を小型カプセルに入れ外部から幹部へ挿入) | 前立腺がん・子宮頸がん等 |
| | | $\beta^-$ 線($^{67}$Cu, $^{90}$Y, $^{131}$I, $^{177}$Lu) (0.5〜2.3 MeV) | RI を疾患に集積できる薬剤に取り込み,注射で体内注入 | リンパ腫・甲状腺がん・大腸がん等 |
| | | $\alpha$ 線 ($^{223}$Ra, $^{211}$At, $^{225}$Ac) (5.6〜5.9 MeV) | | 前立腺がん骨転移・骨髄性白血病・卵巣がん等 |
| | 併用 | 中性子ホウ素吸収反応による $\alpha$ 線 ($^{10}$B + n → $^7$Li + $\alpha$) (2.31, 2.71 MeV) | ホウ素中性子捕捉療法 (BNCT)(ホウ素薬剤＋サイクロトロン中性子源) | 脳腫瘍等 |
| 両用 | X 線 CT＋X 線外用治療 | X 線 | トモセラピー(tomotherapy＝tomography＋therapy) | 悪性腫瘍等 |
| | 内用診断・治療 | $\beta^+$ 線診断＋$\alpha$ 線治療($^{68}$Ga /$^{225}$Ac-PSMA) | セラノスティクス (theranostics＝therapetics＋diagnosis) | 転移性前立腺がん等 |

# 2　放射線生物学の物理・化学的基礎過程

## 2.1　放射線と物質の相互作用

本節では，放射線の生物作用を理解するうえで必要な，放射線と物質の相互作用の概要を述べる．

### 2.1.1　重荷電粒子

荷電粒子と物質の相互作用は電磁相互作用によるものである．荷電粒子が物質中を進むとき，クーロン力によって物質中の原子を電離したり励起したりする．このようにして起こる電離の過程を1次電離とよぶ．放出される電子のうちエネルギーが高いものは$\delta$線とよばれ，2次電離を引き起こす．重荷電粒子の場合には，次項で述べる制動放射は無視できる．

荷電粒子は，電離や励起を多数回繰り返して，近似的には連続的にエネルギー

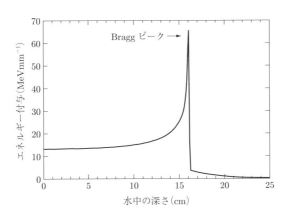

図 **2.1**　$^{12}$C が核子あたり 290 MeV の運動エネルギーで
水に入射したときの Bragg 曲線

を失うと考えることができ，単位長さ進む間に失うエネルギー $dE/dx$ を**阻止能**，荷電粒子が物質中で止まるまでに進む距離を**飛程**という．図 2.1 のように，重荷電粒子が単位長さあたりに失うエネルギーを物質中を進んだ距離の関数として示した曲線を，**Bragg**(ブラッグ)**曲線**とよぶ．エネルギーを失うにつれて阻止能は増加するため，飛程付近に **Bragg ピーク**とよばれる特徴的なピークをもつ．Bragg ピークは，がんの陽子線治療や重粒子線治療において重要な役割を果たす．

### 2.1.2 電子・陽電子

　高速の電子・陽電子($\beta$ 線)は，原子核に比べて質量がはるかに小さいため，原子核のそばを通るとき，原子核のクーロン力によってその軌道が大きく曲げられる．このように加速度を受けた電子・陽電子は，連続スペクトルの電磁波を放射し，これを**制動放射**とよぶ．したがって，物質中を通過する電子・陽電子は，原子を電離・励起する衝突過程に加えて，制動放射によってもエネルギーを失う．制動放射の寄与は高エネルギーの電子・陽電子および高原子番号の物質で重要で，逆に 1 MeV 以下では小さい．

　質量の小さい $\beta$ 線は，不規則に折れ曲がった軌跡をたどり，その長さを求めることは困難であるため，便宜的に，物質表面に垂直に入射した電子線が止まるまでの進入深さとして，飛程を定義する．電子・陽電子が，その物質中における光の位相速度より高速で物質中を進む際，Cherenkov(チェレンコフ)光とよばれる円錐状の波面をもった光を放出する．原子力発電所の核燃料プールでみられる青白い光は Cherenkov 光である．

### 2.1.3 X 線・$\gamma$ 線

　光子は非荷電粒子であるため，荷電粒子のように連続的にエネルギーを失うことはなく，**光電効果**，**Compton**(コンプトン)**散乱**，**電子対生成**という 3 つの過程(図 2.2)を通してエネルギーを電子に与え，その電子が物質にエネルギーを与える．入射 $\gamma$ 線の光子エネルギーと標的原子の原子番号に対して，それぞれの過程が支配的となる領域を図 2.3 に示す．

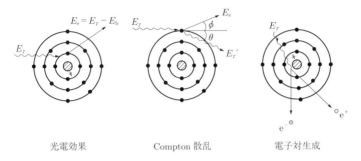

光電効果 Compton 散乱 電子対生成

図 **2.2** 光子と物質の三つの相互作用
原子核のそばの矢印は，核の反跳を表す.
八木浩輔：『原子核物理学』(朝倉書店，1971)，図 108 を参考に作成.

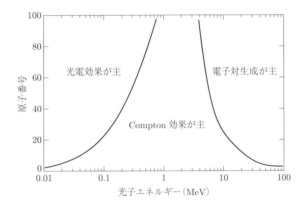

図 **2.3** 光子と物質の三つの相互作用のそれぞれが主となる領域

## a. 光 電 効 果

　光子が軌道電子にエネルギーを与え，軌道電子が原子から放出される現象を**光電効果**といい，このとき放出される電子を**光電子**という．光子のエネルギー $E_\gamma$，軌道電子の束縛エネルギー(結合エネルギー)$E_b$，光電子のエネルギー $E_e$ の間には，

$$E_e = E_\gamma - E_b \tag{2.1}$$

の関係がある．光電効果の断面積は，おおよそ $E_\gamma$ の3〜3.5乗に反比例し，原子番号 $Z$ の3〜5乗に比例する．ただし，同じ原子であっても，電子が放出される軌道や，分子や固体中における結合状態によっても断面積は異なる．

　内側の軌道から電子が放出されると，内殻軌道に空孔がある励起状態のイオンができる．そのようなイオンは不安定で，特性 X 線放出や Auger(オージェ)効果によって緩和する．

### b.　Compton 散乱

　光電効果では，光子のエネルギーはすべて軌道電子に与えられ，光電子のみが放出される．これに対して，光子が，ゆるく束縛されている外殻の電子と衝突した際，電子が光子のエネルギーの一部を吸収して原子から放出され，それと同時に，入射光子よりエネルギーの小さい散乱光子が発生する過程もある．これを Compton(コンプトン)散乱あるいは Compton 効果とよぶ．散乱後の光子エネルギーを $E_\gamma'$ とすると，$E_\gamma, E_\gamma', E_b, E_e$ は，

$$E_e + E_\gamma' = E_\gamma - E_b \tag{2.2}$$

の関係を満たす．

### c.　電 子 対 生 成

　原子核の強い電場の影響で光子が消滅して電子と陽電子を生み出す過程を**電子対生成**という．入射光子のエネルギー $E_\gamma$ が $E_\gamma \geq 2mc^2 = 1.022\,\mathrm{MeV}$ を満たす場合にのみ起こる．ここで，$m$ と $c$ はそれぞれ，電子質量と真空中の光速度を表す．生成した陽電子は，物質中でエネルギーを失った後，物質中の電子と衝突して対消滅し，2本の $0.511\,\mathrm{MeV}$ の $\gamma$ 線(消滅 $\gamma$ 線)を互いに反対方向に放出する．電子対生成の原子断面積はほぼ $Z^2$ に比例し，図2.3にみられるように，高原子番号の標的原子，また高エネルギーの $\gamma$ 線に対して主たる過程となる．

## 2.1.4　中 性 子

### a.　弾性散乱と非弾性散乱

　中性子は多くの場合，物質中の原子核と弾性散乱を繰り返して，徐々にエネルギーを失っていく．水素原子核(陽子)による中性子の弾性散乱を図2.4に模式的

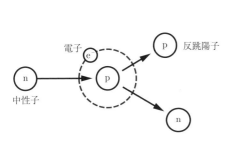

図 **2.4** 水素原子核(陽子)による中性子の弾性散乱

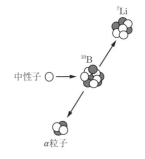

図 **2.5** $^{10}$B の中性子捕獲反応
灰色の丸は陽子を,白
色の丸は中性子を,模
式的に表している.

に示す.標的原子核の質量が小さいほど,エネルギー移行の割合は大きい.この
ため,速中性子の遮へいには水素を含むポリエチレンや水を含む物質が有効であ
る.弾性散乱の断面積 $\sigma$ は,中性子エネルギー $E_n$ が 0.01～0.1 eV 以下の低エネ
ルギー領域では,中性子の速度 $v$ に反比例している.

$$\sigma \propto 1/\sqrt{E_n} \propto 1/v \tag{2.3}$$

この顕著な性質は,弾性散乱に限らず,また,標的原子核によらず一般的にみら
れ,**$1/v$ 法則**とよばれる.

　入射中性子のエネルギーが高くなると,散乱の際に標的原子核を励起し,その
分,中性子のエネルギーが減少する.これを非弾性散乱あるいは (n, n′) 反応と
よぶ.

## b. 中性子捕獲反応

　電荷をもたない中性子は低エネルギーであっても原子核内に入ることができ
る.中性子が標的原子核に捕獲され,$\gamma$ 線や陽子,$\alpha$ 粒子などの粒子が放出され
る過程を**中性子捕獲反応**とよぶ.これは中性子による放射化の原因となる.

　中性子捕獲の多くは $\gamma$ 線が放出される放射性捕獲反応で,(n, $\gamma$) 反応ともよば
れる.例としては,

$$^{113}\text{Cd}(\text{n}, \gamma)^{114}\text{Cd} \tag{2.4}$$

があげられる.

　標的原子核が入射中性子を捕獲した後，荷電粒子を放出して壊変することがあり(荷電粒子放出捕獲反応)，放出される粒子によって(n, p)反応(陽子放出)，(n, $\alpha$)反応($\alpha$粒子放出)などとよばれる.(n, $\alpha$)反応の例としては，ホウ素中性子捕捉療法に応用される，

$$^{10}\text{B}(\text{n}, \alpha)^{7}\text{Li} \tag{2.5}$$

がある(図2.5).

## 2.2　水・生体高分子の放射線化学

　放射線が物質(生体を含む)に照射されたときに引き起こされる，物理的・化学的効果やその作用，化学的変化について研究する分野を放射線化学という.ただし，ここで変化する化学物質自体は，一般に放射性同位元素を含んではいない.これに対して，放射能をもつ元素や化合物の性質を研究する化学の一分野を放射化学，核反応によって生成した核種の化学的性質を研究する化学の一分野を核化学とよぶ.放射線化学の歴史は1895年のRöntgen(レントゲン)によるX線の発見のその瞬間から始まったといっても過言ではない.歴史上最初の「レントゲン写真」は，まさにX線が写真乾板の乳剤に化学変化を起こしたからこそ撮影できたからである.放射線化学は工学教程『放射線化学』で詳述するが，本節では，放射線生物学を理解するうえで最小限必要な要点についてまとめる.

　水溶液などの化学系に放射線が入射すると，イオン化や励起が起こる.その直後の化学反応で生成される中間活性種は，その名の通り不安定で反応性が高く，ただちに次の化学反応を誘起し，何段階かの反応を経て安定生成物にたどりつく.これは模式的に，

$$\text{化学系} \xrightarrow{\text{放射線}} \text{イオン化，励起} \longrightarrow \text{中間活性種} \longrightarrow \text{安定生成物} \tag{2.6}$$

のように書くことができる.ここで，$\xrightarrow{\text{放射線}}$ は放射線が当たったことによる

変化を表す．このように，高いエネルギー状態にある活性種や中間体が生成され反応を引き起こすのが，放射線化学の特徴の一つである．これらの活性種や中間体は，低温でも生成され化学変化を引き起こす．

　放射線によってイオン化が起こるとき，陽イオンと電子の対の生成の一対あたりに吸収される放射線の平均エネルギーを **W 値** とよぶ．吸収されたエネルギーの中には励起に使われるものもあるため，$W$ 値はイオン化エネルギーよりも大きな値を示し，気体などの種類によらず 30 eV 程度である（『放射線化学』1.1.2 項参照）．また，放射線の単位エネルギー吸収量に対して生成あるいは消滅した分子・原子・イオンの数をその化学種の **G 値** とよぶ（『放射線化学』1.1.3 項参照）．従来は，100 eV 吸収したときに変化を受ける分子または原子の数が使われていたが，最近では SI 単位である mol J$^{-1}$ も使われる．100 eV あたりの $G=1$ は，$1.036 \times 10^{-7}$ mol J$^{-1}$ と換算される．

### 2.2.1　水の放射線化学

　人体の約 60% が水分でできているため，放射線の生体影響を理解するうえで，放射線が引き起こす水の変化は重要で，水の放射線化学はよく研究されている．

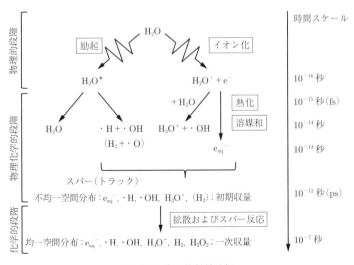

図 2.6　水の放射線分解

放射線が水に入射すると，2.4 節で述べるように飛跡に沿って 30〜100 eV のエネルギーを落とし，その微視的な空間領域で，放射線の化学作用の初期過程が起こる．この初期過程は，図 2.6 に示すように，時間の経過に従って，物理的段階・物理化学的段階・化学的段階の 3 段階に分けられる．

## a. 物 理 的 段 階

最初の物理的段階（入射後 $10^{-16}$〜$10^{-15}$ 秒）では，水分子のイオン化，励起が起こり，励起分子（$H_2O^*$），イオン（$H_2O^+$），$\delta$ 線（イオン化で放出された電離能力をもつような高速の二次電子）および比較的低速の二次電子が生成する．これらやそこから生成するラジカルの集団が，2.4 節で説明するスパー（スプール）で，飛跡に沿って局在している．**ラジカル**あるいは遊離基（『放射線化学』2.2 節参照）とは不対電子をもつ原子団のことで，$\cdot OH$ のように・を付けて不対電子をもつことを明示することが多い．

## b. 物理化学的段階

荷電種 $H_2O^+$ は水分子と次のように反応し，$\cdot OH$ ラジカルを生成する．

$$H_2O^+ + H_2O \longrightarrow H_3O^+ + \cdot OH \tag{2.7}$$

この反応は，その速度定数が $k = 8 \times 10^{11}\,M^{-1}\,s^{-1}$ で，10 fs のオーダーの非常に短い時間で完了する．$H_2O^+$ と対で生成した電子は，運動エネルギーが水のイオン化エネルギー以上であれば，さらに周囲の水電子をイオン化することができ，$\boldsymbol{\delta}$ **線**とよばれる．電子は，周囲の水分子をイオン化・励起しながら徐々にエネルギーを失い，最終的には水の温度の熱エネルギーと同程度のエネルギーになる（熱化）．電子の回りには水分子が集まって配向し，水和電子 $e_{aq}^-$ となる．放射線の入射から水和電子の生成までの時間は 200〜300 fs で，これは $H_2O^+$ が消滅するのに比べるとずっと長い時間である．

励起種 $H_2O^*$ は分解して，主として $\cdot H$ と $\cdot OH$ を生成する．

$$H_2O^* \to \cdot H + \cdot OH \tag{2.8}$$

これらの反応によって，1 ps 程度経過して物理化学的段階が終了すると，$e_{aq}^-$，$H_3O^+$，$\cdot OH$，$\cdot H$ を含むスパーができている．この時点でのこれらの化学種の G 値を，**イニシャル G 値**あるいは**初期収量**とよぶ．

#### c. 化 学 的 段 階

　スパーという局所的な領域に不均一に生成した $e_{aq}^-$, $H_3O^+$, $\cdot OH$, $\cdot H$ などは，拡散して均一になろうとする．またこの過程で，反応性の高いラジカルは，反応を起こして変化していく（スパー反応）．スパー反応は，通常のバルク溶液中での反応と違い，不均一反応である．μs 程度の時間を経てスパー反応が終わり均一な分布になった時点での生成物の収量を，イニシャル $G$ 値と区別して，**プライマリー $G$ 値**あるいは**一次収量**とよぶ．スパー反応を構成する反応や，プライマリー $G$ 値，生成物の性質は，『放射線化学』5 章を参照されたい．

　化学的段階が終了した時点での水の放射線分解は，

$$H_2O \xrightarrow{\text{放射線}} e_{aq}^-, H_3O^+, \cdot OH, \cdot H, H_2, H_2O_2, HO_2\cdot, \cdots \tag{2.9}$$

のように表せる．これ以後は，均一なバルク反応が起こる．分子生成物のうち，$H_2O_2$ は活性酸素の一種で生体に有害である．水溶液の場合は溶質を含んでいるので，反応性の高い $e_{aq}^-$, $\cdot OH$, $\cdot H$ といったラジカルは溶質を変化させる．

### 2.2.2　生体高分子の放射線化学

　炭水化物，糖質，脂質，タンパク質（酵素やペプチド），核酸（DNA，RNA）など，生体を構成する高分子の有機化合物が生体高分子である．

　『放射線化学』7 章に詳述されるように，放射線を高分子に照射すると，電離・励起が起こり，不対電子をもった反応性の高いラジカルが生成することは，水の場合と同様である．生体高分子を一般的に RH と表すことにしよう．放射線による電離や励起の結果として，たとえば以下のような反応で化学結合が切断され，ラジカルが生じることがある．

$$RH \xrightarrow{\text{放射線}} RH^+, RH^* \rightarrow R\cdot, H\cdot \tag{2.10}$$

切断された化学結合は修復されることもあるが，高分子鎖の間に新たな共有結合が導入される**橋架け（架橋）**が起こったり，高分子鎖がより短い鎖や破片へと切断される**分解（崩壊）**が起こったりすることもある．前者では高分子の分子量は増加し，後者では減少する．ほかにも，不飽和結合や官能基の生成，低分子量の分解

物(特に気体)の発生などが起こる.

架橋では，放射線の照射によって二重結合が開裂してラジカルが生じ，ほかの分子と付加反応を起こす.

$$R\cdot + R \longrightarrow 2R\cdot \tag{2.11}$$

付加反応後の生成物もラジカルであり，反応性が高い．単量体(モノマー)のラジカル化をきっかけとして付加反応が連鎖的に起こり，単量体が数千から数万個結合した高分子が形成されることもあり，これを**放射線重合**とよぶ(『放射線化学』7.2 節参照).

タンパク質を構成するアミノ酸は，分子内に —$NH_2$ をもち，放射線分解によりアンモニア($NH_3$)ガスを発生する．これは，食品の放射線照射で実際にみられる.

照射効果は，放射線の線質(種類やエネルギー)，照射時の温度，雰囲気(特に酸素の有無)，共存するほかの物質など，さまざまな因子に依存して変わる(『放射線化学』7.4 節参照)．たとえば，酸素がある環境では，高分子ラジカル $R\cdot$ に，

$$R\cdot + O_2 \longrightarrow RO_2\cdot \tag{2.12}$$

の反応で酸素が付加して，反応性の高い過酸化ラジカル $RO_2\cdot$ が生じることで反応機構に影響し，酸素のない環境では，架橋型の高分子でも酸素環境下では分解の確率が上がる.

上に述べたのは，放射線によって生体高分子が直接的に電離・励起された場合の効果である．一方，生体の 60% を構成する水の放射線分解で生成するラジカル(特に $\cdot$OH や $\cdot$H)も，生体高分子に作用する．また，これらのラジカルは分子状酸素 $O_2$ との親和性が高い．酸素がある環境では，たとえば，

$$H\cdot + O_2 \longrightarrow HO_2\cdot \tag{2.13}$$

の反応で，ヒドロペルオキシルラジカル $HO_2\cdot$ が生成する．$HO_2\cdot$ は $\cdot$OH より酸化力の強い活性酸素で，有機分子 R と，

$$RH + HO_2\cdot \longrightarrow R\cdot + H_2O_2 \tag{2.14}$$

$$RH + HO_2\cdot \longrightarrow RO\cdot + H_2O \tag{2.15}$$

のように反応する．さらに，高分子ラジカル $R\cdot$ には式(2.12)のように酸素が付加し，過酸化ラジカルが生成される.

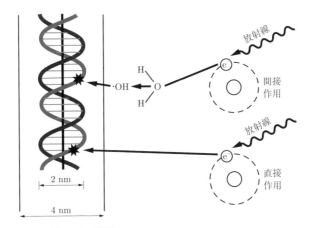

図 **2.7** 直接作用と間接作用
E. J. Hall, A. J. Giaccia 編：“Radiobiology for the Radiologist 6”
（Lippincott Williams & Wilkins, 2006)を参考に作成.

表 **2.1** 典型的な LET 値

| 放射線 | LET (keV μm$^{-1}$) |
|---|---|
| $^{60}$Co γ 線 (1.17 MeV) | 0.2〜0.3 |
| 250 kV X 線 | 2 |
| 10 MeV 陽子線 | 4.7 |
| 150 MeV 陽子線 | 0.5 |
| 14 MeV 中性子線 | 12 |
| 重粒子線 | 100〜2000 |
| 2.5 MeV α 粒子線 | 166 |
| 2 GeV 鉄イオン線 | 1000 |

## 2.3　直接作用と間接作用

　人体や細胞への影響は，放射線が DNA や RNA などの細胞内高分子に損傷を
与えるために起こる．前節での議論からも予想できるように，生体内高分子が損
傷するメカニズムには，図 2.7 に示すように**直接作用**と**間接作用**の 2 種類がある．
　放射線の飛跡に沿って単位長さあたりに局所的に物質に与えられるエネルギー
を**線エネルギー付与**(linear energy transfer：LET)（『放射線化学』1.1.4 項参照）と
よぶ．さまざまな放射線の典型的な LET の値を表 2.1 にまとめる．相対的に電

離密度が小さく LET の低い X 線，γ 線，β 線を低 LET 放射線，逆に電離密度が大きくて LET の高い α 線，中性子線，陽子線，重粒子線を高 LET 放射線とよぶ．

## 2.3.1 直 接 作 用

放射線が生体高分子を電離あるいは励起し，これによって高分子鎖が切断されたり DNA が損傷を受けることを**直接作用**または直接効果とよぶ．放射線の生物影響における直接作用の寄与は，γ 線などの低 LET 放射線の場合には 3 分の 1 程度と考えられているが，高 LET 放射線の場合にはより大きくなる．

## 2.3.2 間 接 作 用

年齢や性別，体型によって違いがあるが，成人の体は重さにして約 60% が水分でできている．2.2 節やより詳しくは『放射線化学』で説明するように，水の放射線分解によって，·OH などのラジカルが生成する．ラジカルは反応性に富むため，DNA などの生体高分子に作用して，水素原子の引抜き，二重結合への付加，酸化，加水分解反応などを引き起こし，これらが DNA 損傷につながる．これを**間接作用**とよぶ．

低 LET 放射線の場合には，直接作用よりも間接作用のほうが支配的である．

間接作用に関連しては，初期障害の発生を修飾する因子として，**酸素効果，希釈効果，温度効果，化学的防護効果**が認められる．

### a. 酸 素 効 果

2.2 節で説明したように，放射線の照射によって引き起こされる化学反応は酸素環境下であるかどうかによって異なる．放射線の生体影響も，酸素分圧が高い環境下では，低い環境下に比べて大きい．これを酸素効果とよぶ．なお，2.2 節での議論からも予想されるように，酸素効果には照射時に酸素が存在することが必要で，照射後に酸素を加えても影響の増加はみられない．

酸素の有無による放射線の生体影響の違いを表す指標として，以下の式で定義される**酸素増感比**(oxygen enhancement ratio：OER)が用いられる．

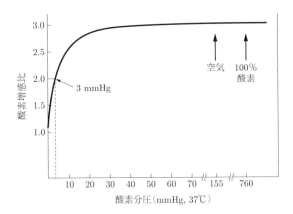

図 **2.8**　酸素分圧と酸素増感比の関係
日本アイソトープ協会：『ラジオアイソトープ—基礎から取扱まで』
（丸善，1990），図 3.25 を参考に作成.

$$\mathrm{OER} = \frac{\text{無酸素状態である効果を引き起こすのに必要な線量}}{\text{酸素存在下で同じ効果を引き起こすのに必要な線量}} \tag{2.16}$$

図 2.8 にみられるように，X 線や γ 線の照射に対する培養細胞の酸素増感比は，2.5〜3.0 の値である．結果として，低酸素下では細胞は放射線抵抗性を示すことになり，放射線治療の効果を下げる一因ともなる．

### b. 希 釈 効 果

　一定線量の放射線を水溶液や懸濁液に照射した場合，放射線の影響を受ける溶質分子や懸濁液中の酵素やウイルスの数は，その濃度によらず一定である．これは，放射線の効果において，水の放射性分解で生成する・OH などのラジカルが支配的であることを示しており，間接作用の証拠でもある．水溶液の濃度を下げると影響を受ける溶質分子の割合は濃度に反比例して増加するため，この効果は希釈効果とよばれる．

　なお，直接作用の場合は，放射線の影響を受ける溶質分子の数は，一般に濃度に比例する．

**c. 温度効果(凍結効果)**

低温や凍結状態では,放射線の生体影響は低減され,これを温度効果という.低温では,・OH などのラジカルが拡散する速度が遅くなり,生体分子との反応が妨げられるためである.

なお,直接作用においても,細胞は低温で放射線抵抗性を示すことが知られている.

**d. 化学的防護効果(保護効果)**

ラジカルと反応しやすい物質を照射前に添加しておくと,間接作用を低減することができ,これを化学的防護効果とよぶ.また,そのような効果をもつ物質を,**ラジカル捕捉剤**あるいは単に**捕捉剤(スカベンジャー)**とよぶ.保護物質,放射線防護剤の一種でもある.捕捉剤の例としては,L-システイン,グルタチオンがあげられる.さまざまな捕捉剤の反応については,『放射線化学』を参照されたい.

逆に,照射前に添加することで放射線の生物作用を強める物質も存在し,増感物質,放射線増感剤とよばれ,5-ブロモデオキシウリジン(BUdR)やヨードデオキシウリジン(IUdR)が知られている(4.5 節参照).また,この効果は増感効果とよばれる.増感剤は,放射線治療の効果を高めるために使われることがある.

## 2.4　LET 依存性と空間的構造

Gy(グレイ)を単位として表した巨視的な量である吸収線量(『放射線化学』1.1.1 項参照)が同じであっても,微視的な電離・励起やエネルギー付与の分布は,**線質**(放射線の種類やエネルギー)によって異なり,化学的さらには生物学的な効果が違ってくる.線質の重要な指標は LET である.

低 LET 放射線が媒質(ここでは主として水の場合について述べる)中を通過するとき,一次的な電離は飛跡に沿ってまばらに起こる.これによって生じる二次電子の多くは 30~100 eV の運動エネルギーをもち,自らが生成される位置の近くで,さらに 2~3 回原子や分子を電離する.これによって,10 nm 以下の局所領域にイオン・電子対や励起分子,ラジカルが集まった**スパー(スプール)**が形成される.スパーは,放射線の飛跡に沿って 200~300 nm 程度の間隔で生成する.

二次電子の中には,より運動エネルギーが大きいものもあり,これに伴って,局所領域のサイズは大きく,そこに含まれるイオン・電子対の数も多くなる.

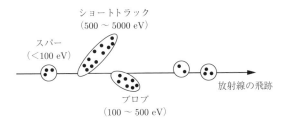

図 **2.9**　スパー，ブロブ，ショートトラックの模式的なイメージ

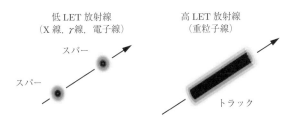

図 **2.10**　スパーとトラックの比較

100〜500 eV の運動エネルギーをもつ二次電子によって形成される領域は**ブロブ**，500〜5000 eV の運動エネルギーをもつ二次電子によって形成される領域は**ショートトラック**とよばれる．スパーが球状であるのに対し，ブロブやショートトラックの形は，回転軸方向にのびた回転楕円体である．1 MeV の電子は，その運動エネルギーのうち，65% をスパーとして，15% をブロブとして，20% をショートトラックとして付与する．また，低 LET 放射線 1 Gy の照射で，細胞中には約 75 000 のスパーと約 4000 のブロブが形成されると考えられている．スパー，ブロブ，ショートトラックのイメージを図 2.9 に示す．

　高 LET 放射線の場合には，飛跡に沿って密にイオン化が起こる．このため，スパーどうしの間隔がなくなり，スパーが連続的に重なり合うことで，円筒状の**トラック**が形成される．スパーとトラックの比較を図 2.10 に示す．ブロブやショートトラックは，スパーとトラックの中間的なものと考えることもできる．LET が同じであっても，放射線の飛跡と垂直な方向のイオン・電子対分布やエネルギー付与の空間分布（トラック構造）は，放射線の種類によって異なり，軽いイオンビームほど密度の高い分布が形成される．トラック構造については，『放

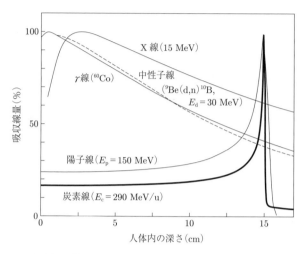

**図 2.11**　さまざまな種類の放射線についての，吸収線量と人体内の深さの関係

射線化学』5.1 節および 8.2 節を参照されたい．

　人体に外部から放射線が照射された際に，吸収線量が表面からの深さにどのように依存するかを図 2.11 に示す．エネルギー付与の分布は，線質によって大きく異なることがわかる．

# 3 DNA・核・細胞の損傷と修復

## 3.1 細胞の構造と活動

ヒトを含めた地球上の生物の定義は，細胞からつくられ，エネルギーを消費し，自分自身で増殖することである．生物には**原核生物**と**真核生物**がある．**原核生物**とは核膜がない（構造的に区別できる核をもたない）細胞（これを原核細胞という）から成る生物で，細菌類やラン藻類がこれに属する．一方，**真核生物**とは核膜で囲まれた明確な核をもつ細胞（これを真核細胞という）から成り，細胞分裂のときに染色体構造を生じる生物であり，細菌類・ラン藻類以外のすべての生物をいう．また**ウイルス**とは，ろ過性病原体の総称で，独自の DNA または RNA（ribonucleic acid，リボ核酸）をもっているが，普通ウイルスは細胞内だけで増殖可能であり，単独では増殖できないため，生物とは定義されない．本書では真核生物，特に，ヒト細胞，哺乳類細胞の放射線の影響について述べる．

一つひとつの細胞の核には各々の生物の構造を決める大きな要因となる DNA が収められている．この DNA には各細胞内でつくられるタンパク質の設計書や合成計画が記されており，生命体が生きていくうえで特に重要な役割を負っている．

これらの細胞に共通する性質として，生体内で行われる代謝活動の場になっていることと，DNA の転写，翻訳を通じてタンパク質合成の場になっていることがあげられる．多細胞生物では，これらの細胞は各器官，組織ごとに異なる細胞へと分化されており，それぞれ異なった特徴をもっている．ヒトのような複雑な多細胞生物の体内ではさまざまな化学的，物理的な反応が行われているが，これらの生体内の活動を細かく分化された細胞群が支えていることがわかる．

## 3.1.1 細胞の構造

細胞は人体を構成する基本単位である．細胞は DNA が収められている核を筆頭にさまざまな生体内の活動を支える細胞小器官をもっている．これらの細胞は

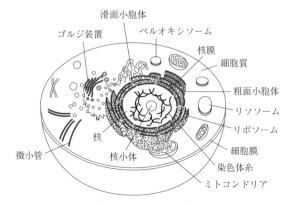

図 **3.1**　細胞の基本構成

外界と細胞膜で隔てられており，内部で主に生命活動となる生体の代謝活動と自己増殖などの細胞分裂に関する活動が行われている．図 3.1 に示すように，真核生物の細胞内には遺伝情報が蓄積された DNA が核内に収められ，ミトコンドリアなどの膜構造，微小管などの細胞骨格をもつという特徴がある．

## 3.1.2　DNA・遺伝子・染色体

　生物はそれぞれの遺伝情報をもち，その情報に従って性質や形態を発現する．これと同時に細胞間から子孫間でも，その遺伝情報を遺伝子という形で伝える．この遺伝子は，地球上の生命体では DNA を媒体とした塩基配列という形の情報で存在している．**DNA** は図 3.2 に示すように，塩基，リン酸，デオキシリボースから構成されるヌクレオチドが共有重合して形成されたポリヌクレオチドである．DNA において，塩基はアデニン(adenine, A)，シトシン(cytosine, C)，グアニン(guanine, G)，チミン(thymine, T)から成る．DNA 鎖間で G と C，A と T がそれぞれ水素結合で対となって二重らせん立体構造を維持している．

　遺伝情報には，生体内の全体の細胞やタンパク質に関する情報がすべて含まれており，巨大である．たとえばヒトは 31 億塩基対と膨大な情報量をもっている．一方で，ヒトの体では常に細胞分裂が行われており，この重要な情報を高い保存性で保存するとともにエラーの非常に少ない高速な複製を両立させる必要がある．DNA が二重らせん構造をとっていることでこれが可能になっている．

S：デオキシリボース
P：リン酸

図 **3.2**　DNA の基本構造

　**RNA** は，DNA に含まれるデオキシリボースの一つの水素原子がヒドロキシ基で置換されたリボース構造になっている．細胞内で DNA をもとにタンパク質が合成される際に，DNA は転写というプロセスを経て，チミンがウラシル(U)に置き換わった以外は DNA と同様の配列をもつ一本鎖構造の RNA をつくる．この RNA は DNA と比べて，化学的に不安定である．これは，DNA は保存のために安定性が求められる一方で，RNA はタンパク質合成の調節機構の中でエラーの影響が持続しないことが求められるためである．特に，DNA からタンパク質に関する情報だけを抜き出してタンパク質合成に適した構造にされた RNA を mRNA(伝令 RNA)とよぶ．

　細胞内のリボソームにおいて，mRNA の情報に従ってタンパク質が合成されるプロセスを翻訳とよぶ．特に転写と翻訳を通じた DNA，RNA，タンパク質の流れはセントラルドグマとよばれる．翻訳では，mRNA の塩基配列を三つずつのグループ(コドン)として，tRNA(転移 RNA)がそれぞれのコドンに対応したアミノ酸を合成中のポリペプチド鎖に結合させ，タンパク質を合成する．

　体細胞内の DNA の長さは，たとえばヒトの場合，およそ 2 m に達する．これをコンパクトに直径約 10 μm の細胞核へ収納する構造(**クロマチン構造**)が必要である．その構造を図 3.3 を用いて説明する．DNA は細胞核内でヒストンタンパク質に巻き付く形でヌクレオソームをつくっている．ヌクレオソームがさらに折りたたまれてヌクレオソーム繊維となり，細胞分裂時にさらに凝縮したものを染色体(クロモソーム)とよぶ．このクロマチン構造は，染色体の各部分の翻訳頻

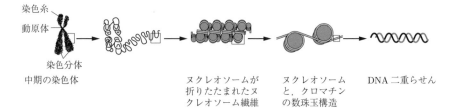

図 **3.3** 分裂中期の染色体とクロマチン構造

度によって凝縮度が異なるなど，翻訳や転写の調節にも関わっていることがわかっている．ヒトを含む真核生物の場合，それぞれの染色体は細胞分裂によって紡錘糸が付着する**動原体**をもつ．動原体を含む箇所を**セントロメア**とよぶ．また，特殊な塩基配列をもつ染色体の末端部分は**テロメア**という．

### 3.1.3　細　胞　分　裂

　一つの細胞が 2 個の娘細胞に分かれる生命現象のことを**細胞分裂**とよぶ．細胞の分裂には，細胞自身の成長と DNA 複製，染色体分離，細胞質分裂の四つの過程がある．これは**細胞周期**とよばれている．分裂するためには DNA，細胞質，細胞内小器官などの各器官を倍増させておく必要がある．

　また，生体内では通常の体細胞分裂とは別に**減数分裂**とよばれる分裂も存在する．この減数分裂は主に新しい個体をつくるために配偶子を形成するときに起こり，遺伝的な多様性に貢献している．配偶子形成ではもとになる細胞が複製して二倍体になった後に，2 度の減数分裂を通じて半分量の DNA をもつようになる．ヒトの場合，2 組 23 本の相同染色体をもつので，父由来，母由来の配偶子はそれぞれ $2^{23}$ の組合せがあり，次世代は単純に考え，$2^{46}$ の可能性がある．しかし，この 1 度目の減数第一分裂では二倍体となった相同染色体どうしが対合し，そこで交叉による相同染色体間の乗り換えが起こり，一部の配列を取り換えるため，組合せはさらに複雑になり，この相同組換えとよばれる仕組みが減数分裂の仕組みに加えて，進化と遺伝の多様性を生み出すと考えられている．

### 3.1.4　細　胞　周　期

　分裂を繰り返すことで細胞は増殖をつづける．分裂から次の分裂までの1サイクルを**細胞周期**といい，図 3.4 に示すように M 期→$G_1$ 期→S 期→$G_2$ 期→M 期と繰り返される．M 期は分裂期，S 期は DNA 合成期である．この細胞分裂において重要な二つの時期を埋めるものとして，$G_1$ 期および $G_2$ 期がある（G は gap の頭文字）．常に細胞分裂が行われているわけではなく，$G_1$ 期のまま分裂を停止している細胞を $G_0$ 期とよぶ．また，分裂期以外の時期をまとめて間期とよぶこともある．

　現在では，**Fucci**（fluorescent ubiquutination-based cell cycle indicator）とよばれるシステムを用いることで細胞周期を顕微鏡下でリアルタイムに観察することができる（図 3.5）．この Fucci システムでは，細胞周期の特定の時期にのみ存在する Geminin と Cdt1 という二つのタンパク質に，それぞれ緑色（monomeric azami-green1：mAG1）と赤色（monomeric kusabira-orange2：mKO2）の蛍光タンパク質を融合して，細胞周期を可視化している．この Fucci を細胞に導入すると，S/$G_2$/M 期に緑色，$G_1$ 期に赤色の蛍光が核に観察される．この細胞周期の可視化によって，個体の発生，分化，再生，がん化など，細胞周期と関連する生

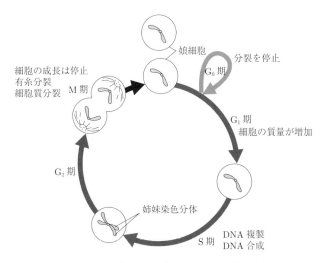

図 **3.4**　細胞周期の各フェーズにおける染色体の複製と分離

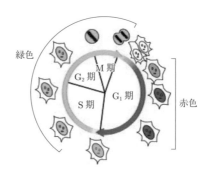

図 3.5 Fucci システムを用いた細胞周期のリアルタイムな観察
A. Sakaue-Sawano *et. al.* : Cell **132**(2008)487.

命現象の解明が期待される.

## 3.2 DNA の損傷と修復

DNA は細胞内側および外側から常に何らかのストレス,たとえば内側からは活性酸素,外側からは化学物質,紫外線,放射線などの刺激にさらされており,これらの刺激により生じる主な**DNA 損傷**は塩基損傷,架橋形成,鎖切断などがある(図 3.6).これらの DNA 損傷は,老化や発がんを引き起こす要因ともなるため,細胞の中には DNA 損傷を正確かつ効率的に修復する機構が備わっており,DNA の安定性を保持している.

### 3.2.1 二 本 鎖 切 断

DNA 損傷の中でも**二本鎖切断**(double strand break:**DSB**)は細胞にとって有

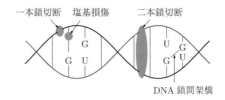

図 3.6 電離放射線による DNA 損傷

害かつ致死的な損傷であるため，電離放射線誘発の DNA 損傷は特に二本鎖切断との関連が深い．

　二本鎖切断が生じた場合，修復が行われないと切断端が離れ離れになってしまい，DNA 複製，転写，細胞分裂など細胞の生命維持に必要なイベントを行うことができなくなる．そのため，二本鎖切断の修復は迅速かつ正確に行われなければならない．

　**DNA 二本鎖切断**を評価する手法と結果をここで紹介する．複数の細胞を統計的に評価する手法として**電気泳動法**，直鎖 DNA の長さの直接測定が可能な**分子コーミング法**，細胞ごとの電気泳動として**コメットアッセイ法**，二本鎖切断に集まる修復分子を染色により可視化する**$\gamma$-H2AX 蛍光免疫染色法**などがある．

　**アガロースゲル電気泳動法**はアガロースを溶解させてつくったゲルに電圧を印加し，発生した電界を利用して溶液中で帯電した DNA を泳動させ，サイズによって分離する手法である（図 3.7）．この手法によって二本鎖切断が生じた DNA のサイズが正常のサイズに比べて小さくなることを利用して，損傷を受けた DNA が分離される．また，泳動後の DNA を臭化エチジウムに浸し，紫外線を照射することで，DNA の塩基と結合した臭化エチジウムが蛍光を発し，分離された DNA を可視化することができる．図 3.8 は，直鎖 DNA（λDNA）に照射させる X 線照射線量を変化させた場合の DNA の切断サイズの変化を bp（塩基対数）で示したものである．この図より，λDNA は線量依存的に小さなサイズに切

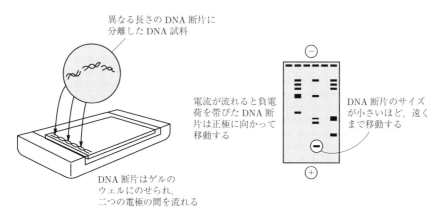

異なる長さの DNA 断片に
分離した DNA 試料

電流が流れると負電
荷を帯びた DNA 断
片は正極に向かって
移動する

DNA 断片のサイズ
が小さいほど，遠く
まで移動する

DNA 断片はゲルの
ウェルにのせられ，
二つの電極の間を流れる

図 **3.7**　アガロースゲル電気泳動法

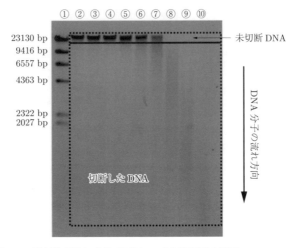

図 **3.8**   電気泳動法による λDNA の二本鎖切断の測定
② 0 Gy, ③ 0.1 Gy, ④ 0.3 Gy, ⑤ 1 Gy, ⑥ 3 Gy,
⑦ 5 Gy, ⑧ 10 Gy, ⑨ 20 Gy, ⑩ 30 Gy.

断されることがわかる．哺乳類細胞のゲノムなど，大きなサイズの二本鎖切断を
検出する方法として，**パルスフィールドゲル電気泳動法**(pulse filed gel electro-
phoresis:**PFGE**)がある．PFGE では数 Mbp の DNA を検出することができる
ため，ヒト細胞内で生じた二本鎖切断を検出する方法として広く用いられている．

　分子コーミング法による一分子観察の例を図 3.9 に示す．比較的サイズの大き
い λDNA(48 502 bp)を蛍光色素(YOYO-1)で染色後，スライドガラス上に重力
に従って DNA を流すことで，DNA が櫛(コーム)のように付着し，蛍光顕微鏡
を用いて観察できる．放射線未照射の DNA は図(a)のように DNA の長さが長
く保たれているのに対し，X 線照射された DNA は二本鎖切断が多く形成され，
図(b)のように DNA の断片が多く検出される．

　単一の細胞における二本鎖切断を定量的に検出する方法として，**コメットアッ
セイ法**がある．コメットアッセイ法は電気泳動法と同様の原理により，切断され
た DNA を電気泳動によって検出する方法である．細胞一つひとつに生じた切断
を検出することができるという点で優れている．細胞内の二本鎖切断が多いほど
流星の尾(コメット)のように DNA が流れて切断を確認できるため，コメット
アッセイとよばれる．金コロイド(平均粒径 2 nm，水中重量濃度 20%)を細胞の

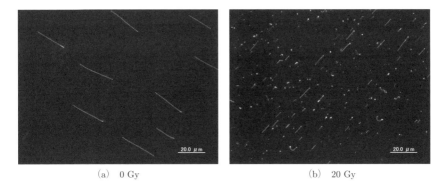

(a)　0 Gy　　　　　　　　　　　　(b)　20 Gy

図 **3.9**　分子コーミング法による DNA 一分子観察の様子
　　　　(a)　放射線未照射，(b)　X 線(20 Gy)照射.
　　　　Hao Yu *et. al.* : Int. J. Mol. Med. **38**(2016)1525.

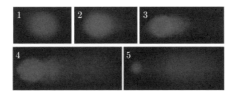

図 **3.10**　コメットアッセイ法による DNA 切断検出の様子
　　　　1〜5 は条件を変えている.
　　　　M. Uesaka *et. al.* : Nucl. Instrum. Methods Phys. Res. A 608(2009)S50.

核に取り込ませ，X 線を 2，4 Gy 照射して二次 X 線も発生させた場合の結果を
図 3.10 に示す.

　DNA 二本鎖切断のミクロ可視化の例として，コメットアッセイ法の場合と同
様に，金コロイドを細胞の核に取り込ませ，X 線を照射して二次 X 線も発生さ
せた場合の **γ-H2AX 蛍光免疫染色法**での測定結果を図 3.11 に示す. ヒストン
**H2AX**(3.2.3 項参照)は細胞内の DNA 構成因子であるヒストンに含まれ，DNA
損傷が生じた周辺にいる H2AX だけがリン酸化される. リン酸化された H2AX
は **γ-H2AX** とよばれる. γ-H2AX を特異的に認識する抗体を用いて蛍光免疫染
色反応を行うことにより，細胞内で生じた DNA 二本鎖切断の場所を特定するこ
とができる. 図 3.11 において明るい部分が細胞の核であり，その中の斑点は γ-

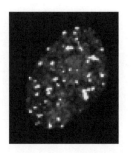

図 **3.11** γ-H2AX 蛍光免疫染色法による
DNA 切断検出の様子

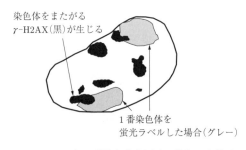

図 **3.12** γ-H2AX foci と 1 番染色体を同時に染色した様子のモデル図

H2AX 免疫染色された二本鎖切断の一つひとつを表している．共焦点顕微鏡を
用いて各条件下での二本鎖切断の数を観測することで，従来の手法と比較し少数
の二本鎖切断であっても測定が可能である．

　γ-H2AX 蛍光免疫染色法の特徴として，細胞核内に生じた二本鎖切断の場所
を視覚的に判別できることがあげられる．たとえば，染色体全体を染色する技術
である FISH（fluorescence *in situ* hybridization）と γ-H2AX の共染色を行うこと
により，染色体のどの場所に二本鎖切断が生じたかを知ることができる（図
3.12）[5]．重粒子線の照射は粒子の軌道に沿って二本鎖切断を生成するため，染
色体を貫通するような二本鎖切断が生じることが観察される．また近年急速に発
展している超高解像度顕微鏡を用いることにより，より正確に二本鎖切断の数を
知ることができる．重粒子線の照射を受けた細胞は，大きな γ-H2AX の集合体
（foci）を形成することがわかっていたが，超高解像度顕微鏡により，それらは小

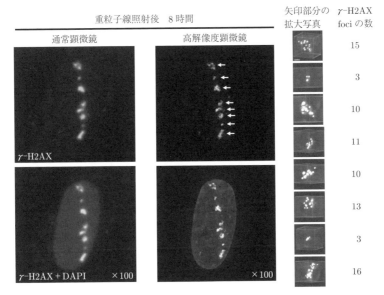

図 **3.13** γ-H2AX foci を超高解像度 3D 顕微鏡により観察した様子
炭素イオン線 1 Gy 照射後 2 時間の γ-H2AX foci 染色画像.
白い矢印部分の拡大画像を右へ示す. 拡大画像の右にそれぞれの γ-H2AX foci の
数を示す. 炭素イオン線を照射したサンプルでは密集したクラスター γ-H2AX
foci が生じている.
中島菜花子, 柴田淳史:放射線生物研究 49(2014)50.

さな **γ-H2AX foci** の集合体(クラスター γ-H2AX foci)であることが明らかに
なった(図 3.13). また図 3.14 には鉄線, 炭素線, X 線によるクラスターの違い
を示す. 低 LET の X 線は一つの DNA 損傷であるのに対して, 高 LET の鉄線,
炭素線ではクラスターになっていることが明確に観察できる.

## 3.2.2　相同組換え修復と非相同末端結合修復

　DNA の二本鎖切断の**修復機構**は主に**相同組換え**(homologous recombination:
HR)修復と非相同末端結合(non homologous end joining:NHEJ)**修復**の 2 種類が
ある(図 3.15).
　**相同組換え修復**経路では, 損傷を受けた DNA 切断末端を関連する修復タンパ

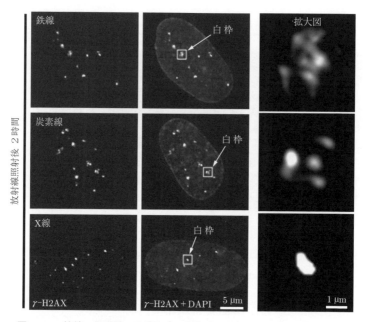

**図 3.14**　鉄線，炭素線，X 線によるクラスター DNA 二本鎖切断の比較
N.I. Nakajima *et al.* : PLOS ONE **8**(8) (2013) e70107.

ク質が結合・認識し，二本鎖のうち一方の鎖を削りとる作用（DNA 末端リセクション）を起こすことで，組換え修復のための DNA 一本鎖構造をつくる．その後，すでに DNA 合成過程により作成されていた相同 DNA 配列を鋳型として，新しい DNA 鎖を合成することで修復される．相同組換え修復は DNA 合成により作成した姉妹染色分体を用いるため，細胞周期 S 期と $G_2$ 期ではたらくとされている．相同組換え修復は損傷を受けた DNA をもう一方の未損傷の DNA を鋳型にして修復を行うため，非相同末端結合修復と比べてその精度が高い．

　一方，**非相同末端結合修復**経路は，細胞周期に依存せず機能しているとされる．この修復機構では鋳型となる DNA を必要とせず，DNA 二本鎖切断末端を関連する修復タンパク質が結合・認識し，末端どうしを直接つなぎ合わせることで修復を完了させる．

　一般に，細胞の放射線被ばくに対する感受性が細胞周期によって異なり，この事実と 2 種類の修復方法の選択は深い関連がある．

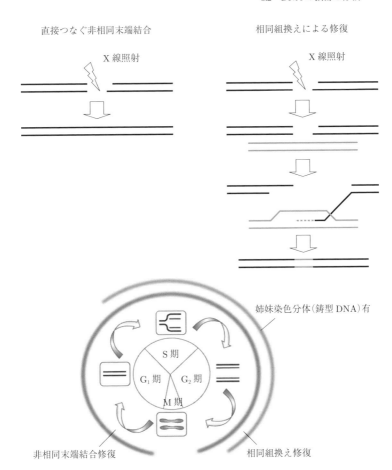

直接つなぐ非相同末端結合　　　　　　相同組換えによる修復

X 線照射　　　　　　　　　　　　　X 線照射

姉妹染色分体（鋳型 DNA）有

S 期

G₁ 期　　G₂ 期

M 期

非相同末端結合修復　　　　　　　　　相同組換え修復

図 **3.15**　細胞周期と DNA 二本鎖切断修復
　　　©2011 中村恭介，加藤晃弘，小松賢志 Lisensed under a Creative Commons
　　　表示 2.1 日本 Lisense.

### 3.2.3　タンパク質・酵素の役割

　放射線などにより DNA が損傷を受けると細胞はさまざまな反応を起こす．これを **DNA 損傷応答**（DNA damage response：**DDR**）とよぶ（損傷応答については後述）．この DDR には数多くのタンパク質やリン酸化酵素が関わっており，

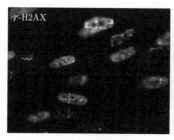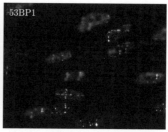

図 3.16　ヒト細胞中の DNA 損傷フォーカス：DNA 二本鎖切断箇所

たとえば先述の相同組換え修復では RAD51 タンパク質，非相同末端結合修復では Ku タンパク質が有名である．

　DNA の構成要素であるヒストン **H2AX** タンパク質も損傷を伝える機能を担っている．クロマチン構造をとる DNA は H2A，H2B，H3，H4 の 4 種類のヒストンタンパク質から成るコアに巻き付いた形で存在している（3.1.2 項参照）．3.2.1 項で述べたように DNA 二本鎖切断検出法として使われるヒストン H2AX は，H2A の一種であり，H2A 全体の 10〜15% 程度を占める[6]．H2AX はカルボキシル末端側にテールがのびた亜種であり，この部分がリン酸化されたものを **γ-H2AX** という．この γ-H2AX は放射線の照射によって ATM タンパク質（3.4.1 項参照）などによって誘導され，DNA 二本鎖切断の発生した領域に局在する．さらに DNA 損傷応答タンパク質の一つである 53BP1 が誘導されることで共局在が観察できる（図 3.16）．γ-H2AX は，非相同末端結合における損傷修復の正確さを確保する機能ももつ．

### 3.2.4　修復可能な損傷と不可能な損傷

　DNA は生命維持に欠かせない重要なものであり，いまだ解明されていない部分を含めてさまざまな修復機構が備えられている．しかし，損傷の度合によっては修復できずにエラーが残ってしまうこともある．このような特に重篤なエラーが生じた細胞では生体の管理下で自死（アポトーシス）させ，影響を最小に抑える機構が備わっている．DNA にエラーをもったまま細胞が分裂をつづけてしまったり，細胞が生体の管理下外で死んでしまう（ネクローシス）と周りの細胞に悪影

響が広がったり，がん化の原因になると考えられている．

## 3.2.5　紫外線効果との相違

　生体に対する放射線の影響と比較した場合の紫外線による影響の違いは，主に DNA 損傷を引き起こすメカニズムや起きる損傷自体の違いが挙げられる．放射線の影響では電離により生じるラジカルなどの影響による切断が主になるが，紫外線は電離よりも励起を引き起こし，その影響で新たな架橋構造が生じ，DNA の構造を変化させる損傷や塩基損傷を生じる．DNA に紫外線が照射されると DNA 上の同一鎖に隣接するピリミジン塩基の間に共有結合による二量体が形成される．この損傷はヌクレオチド除去修復機構によって DNA から取り除かれることがわかっている．

## 3.2.6　DNA 損傷モンテカルロシミュレーション

　放射線生物学では，DNA，染色体，細胞，組織，個体という生物を構成する単位ごとに捉えることができる．さらに，生物には放射線や化学物質などの外部刺激から防護・修復する機能があり，これを考慮して評価することも重要である．一方，放射線治療や放射線防護などの実用上では，放射線生物効果比（3.3.3 項参照）や線質補正係数などの係数を求めて評価している．これらの係数は，細胞照射実験における生存率から決定されている．しかし，細胞照射実験は，細胞レベルでの現象であり，分子・原子レベルのミクロな現象を捉えるものではない．一方，DNA レベルでの実験も進められているが，これらの研究は，観測できる時間・空間に制限があり，連続的に捉えることは難しい．

　コンピュータシミュレーションを利用することで，実験データや理論式をもとにして計算機上でモデル化し，放射線が生物に与えるミクロな初期過程を連続的に捉えることができる（図 3.17）．**DNA 損傷モンテカルロシミュレーション**[7] （DNA 損傷シミュレーション）は，ミクロな放射線生物影響を調べるための解析手法として実績があり，放射線が照射されてから DNA 損傷が起きるまでのミクロ領域における初期過程を取り扱うことができる．DNA 損傷シミュレーションでは，荷電粒子が，水分子や DNA 分子に電磁相互作用によりエネルギーを付与し，電離・励起する物理過程をシミュレーションし，それらの電離・励起した原

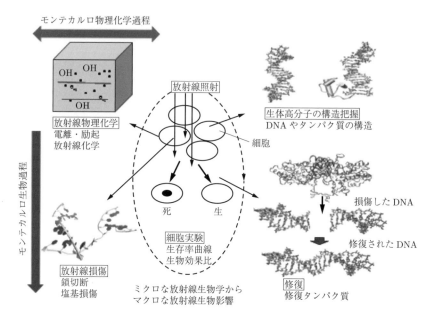

図 **3.17**  DNA 損傷モンテカルロシミュレーションの対象

子・分子が，ラジカル等の不安定な化学種として拡散して，その過程で互いに衝突して化学反応を起こし，安定的な化学種になるまでの化学過程を取り扱う．最終的に，物理過程において DNA 分子を直接電離・励起させたものを直接効果，また，不安定な化学種が化学反応を起こしていく中で DNA 分子と反応したものを間接効果として，DNA 損傷を評価している．ここでの DNA モデルは，あらかじめ X 線構造解析，NMR（nuclear magnetic resonance），分子動力学シミュレーションなどで得られた 3 次元構造を導入している DNA 損傷シミュレーションでは，DNA 損傷までの初期過程をシミュレーションしているが，放射線生物学では，DNA 損傷のみで評価することが難しく，他にも，その後の DNA 修復過程などのさまざまな事象を考慮していく必要がある．これらは時間・空間スケールが異なるため，一つのシミュレーション手法で実施することは困難である．そこで，モンテカルロ法による確率的な計算に加えて，量子化学や古典分子動力学のいわゆる分子シミュレーションからの研究も行う必要がある．Abolfathら[8]は，間接効果の初期過程である DNA 分子と OH ラジカルの反応について，

汎用放射線輸送モンテカルロシミュレーション Geant4-DNA(Incerti ら[9])と古典分子動力学法を組み合わせたマルチスケールシミュレーションとして実施している．さらに，DNA の修復過程では，修復タンパク質と損傷した DNA の親和性が重要であるため，これらを評価するために分子シミュレーションの手法も利用されている[10]．

## 3.3 細胞に対する作用

### 3.3.1 生 存 率 曲 線

　横軸に線量を，縦軸に対数表示で細胞の生存率をとって表現された曲線を細胞の**生存率曲線**という（図 3.18）．線量の増加に従い生存率は低下するので右肩下がりとなる．高 LET 放射線では直線形に近づき，低 LET 放射線では低線量域で

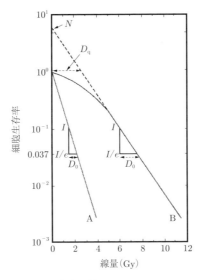

図 **3.18**　細胞の生存率曲線
$n$ は標的数，$D_0$ は標的の大きさの逆数，$D_q$ は傷害からの回復の程度．
田坂　晄ほか 編：『放射線医学大系 第 35 巻 放射線生物学病理学』（中山書店，1984）．

は曲線を示すが，線量が高くなるにつれて直線形に近づくのが特徴である．

　生存率曲線の直線部において，生存率を 37% に減少させるのに必要な線量を**平均致死線量**といい，記号では $D_0$ と表す．$D_0$ は標的に平均 1 個のヒットが生じる線量ということもできる．$D_0$ は哺乳動物細胞では 1〜2 Gy 程度である．細胞間で $D_0$ を比較する場合，$D_0$ が小さいほうが放射線に対して感受性が高く，同じ細胞で，かつ異なる種類の放射線において比較する場合は $D_0$ が小さいほど放射線の致死効果が高いといえる．

　これらの生存率曲線の測定にあたってはコロニー形成法がよく用いられる．培養細胞を一定期間培養すると，個々の細胞が分裂を繰り返し，ある一定数の細胞から成る細胞群（コロニー）がいくつか形成される．そしてこれらを細胞固定・染色した後，通常 50 個以上の細胞群から成るコロニーを生細胞と判断し，細胞の生死を判定する（図 3.19）．ここで播種された細胞数に対する生細胞と判定されたコロニー数を PE（plating efficiency）で表す．未照射（0 Gy）における PE を $PE_0$ とすると**生存率**は以下の式で表される．

$$生存率 = \frac{PE}{PE_0} \tag{3.1}$$

　細胞にある物質を添加することで細胞の増殖が抑制されることもある．そこで細胞の増殖を妨げない範囲で添加するために考慮される指標として，$IC_{50}$（50% 阻害濃度）が用いられる．これは，対象物質を添加していない環境下での細胞数に対して，細胞数が 50% となる添加物質の濃度を表す．

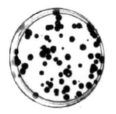　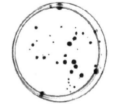

(a)　放射線未照射の細胞　　(b)　放射線照射された細胞

図 **3.19** *in vitro* で培養されたチャイニーズハムスター細胞から得られたコロニー
E.J. Hall and A.J. Giaccia：*Radiobiology for the Radiologist*, 7th ed.,
Wolters Kluwer, Lippincott Williams & Wilkins（2012）．

## 3.3.2 LET の効果

　細胞の生存率は，低 LET 放射線では DNA に対する直接作用と間接作用の比率がおおよそ 1：2〜1：3 となり，間接作用の寄与が大きいのが特徴である．また，電子線など低 LET 放射線は電離密度が低く，離散的にエネルギーを付与するため，その飛跡に沿ってまばらに放射線の影響を与えることになる．一方，陽子線など高 LET 放射線の場合は，低 LET 放射線に比べて電離密度が高く，直線状にエネルギーを付与し，直線状にラジカルなどを発生させる．それらの様子を模式的に図示したものが図 3.20 である．この異なるエネルギー付与分布と DNA 損傷の分布の関係を図 3.21 に示す．参照として活性酸素が一様に OH ラジカル（·OH）を生成し，低密度で DNA を損傷する様子が左図である．一方，放射線は LET が高くなるにつれて，局所に DNA 損傷を引き起こし，損傷の程度が複雑で修復が難しくなることが特徴である．図 3.22 は，X 線・陽子線・炭素イオン線と LET が高くなると，DNA 損傷が細かく複雑になる様子を模式的に示している．さらにエネルギー付与分布の違いを細胞のスケールで描いたものを図 3.23 に示す．細胞の放射線影響においても γ 線などの低 LET 放射線では細胞の

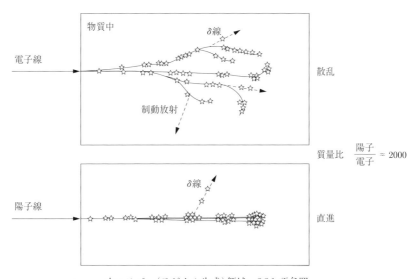

☆：スパー（ラジカル生成）領域．2.2.1 項参照．
図 **3.20**　低 LET 放射線（電子線）と高 LET 放射線（陽子線）のエネルギー付与の分布の違い

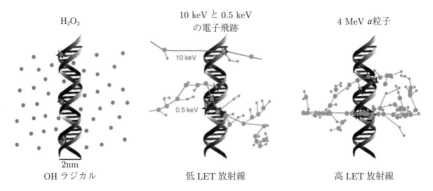

図 **3.21** 活性酸素，低・高 LET 放射線と DNA 損傷の分布
A. Schipler and G. Iliakis : Nucleic Acids Res. **41**(2013)7594.

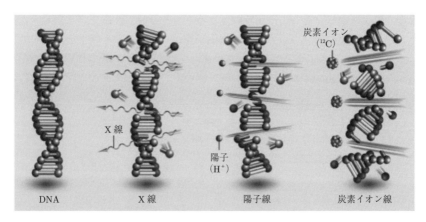

図 **3.22** 線種ごとの DNA 損傷の程度の違い
V. Marx : Nature **508**(2014)137.

損傷にばらつきがある一方，鉄イオン線などの高 LET 放射線による損傷は局所的になる．

　ここで，低 LET の X 線と高 LET の鉄線と炭素線による DNA の損傷分布，つまりクラスター構造の違いの測定結果の図 3.14 と図 3.21，図 3.22 を比較してほしい．後者の模式図が，γ-H2AX と超高解像度顕微鏡の技術により可視化されていることがわかる．また，図 3.16 の鉄線を垂直 2 方向から照射したときの

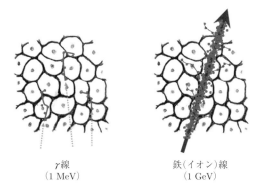

γ線
(1 MeV)

鉄(イオン)線
(1 GeV)

**図 3.23** 低 LET 放射線(γ線)と高 LET 放射線(鉄イオン線)
の細胞へのエネルギー付与の違い
保田浩志氏(広島大学原爆放射線医科学研究所)提供.

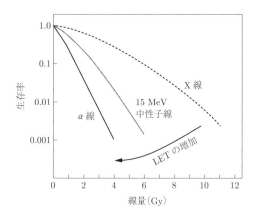

**図 3.24** LET の異なる放射線による生存率曲線

γ-H2AX が十字に並んでいる画像と図 3.23 を比較されたい．スケールは必ずし
も一致していないが，高 LET 放射線の場合 DNA の損傷が線上に並ぶことも，
γ-H2AX で可視化されている．

　放射線の LET の増加による生存率の違い，つまり細胞影響の増加を図 3.24 に
示す．図 3.13，14，20〜22 の観察結果と模式的説明でみてきたように，陽子線
や炭素イオン線のような高 LET 放射線では，DNA 損傷が複雑で，高密度で発

生しているため，修復が困難となる．このように，生存率の違いというマクロ的
な知見が，最近の観察技術の進歩でミクロ的に解明されたことになる．

### 3.3.3  生 物 効 果 比

　放射線の生体に対する影響は一つの要素ではなく多種多様な要素が相互に関連
し，それらの結果として現象が起こるため，LET の値と生物作用が常に一致す
るわけではない，というのが定説となっている．そこで，線種の異なる放射線間
で同一の生物影響を評価するために，基準とする放射線を決め，ある事象を発生
させるため必要な基準となる放射線を用いた場合の線量と，対象の放射線で必要
な線量の比をとったものを吸収線量に乗じて放射線影響を評価する．この指標を
生物学的効果比もしくは**生物効果比**(relative biological effectiveness：**RBE**)とよ
ぶ．基準となる放射線は一律に定められていないが，200 kV の X 線や，$^{60}$Co の γ
線を用いることが多い．ここで RBE は以下の式で表される．

$$\text{RBE} = \frac{\text{ある現象を発生させるのに要する基準となる放射線の吸収線量}}{\text{同じ現象を発生させるのに要する対象となる放射線の吸収線量}} \quad (3.2)$$

RBE は急性障害，遺伝性影響，細胞死など放射線によって誘発される現象に
よって異なる．同じ影響であっても生体の種類，特徴によって差が生じる．これ
に加えて，線量率，被ばく条件など放射線の性質によっても異なる．ヒトにこの
指標を採用する場合は実験的に算出することに限界があり，動物実験，疫学調査
などから推定することが多い．実際には，線種によってもその影響は異なり，ヒ
トの線質に対する RBE のデータは少ないため，水中での阻止能(LET)を考慮し
た関数として求められる．異なる線種でも同一の生物的影響を評価できるように
乗じられる係数を**放射線加重係数**という．これは 1990 年の ICRP に勧告により，
放射線荷重係数から放射線加重係数に改称され[14]，LET に対応して定められる
(図 3.25)．放射線加重係数を用いることで，放射線の照射によって物質が吸収す
るエネルギーとして定義される吸収線量(Gy)から，放射線防護の観点から線種，
生物影響を考慮した等価線量(Sv)へ変換される．

　3.3.2 項で述べてきた LET による DNA 損傷の複雑さの違いはタンパク質によ
る修復しやすさの違いにも関連し，細胞活動へも影響する．この要素が，LET
と生物効果の関連のミクロ的説明の一つになっている．

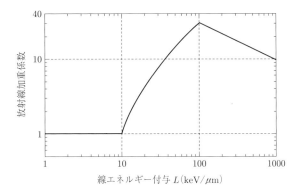

図 **3.25**　放射線加重係数と LET の関係
日本アイソトープ協会（訳）：『生物効果比（RBE），線質係数（$Q$）および
放射線荷重係数（$W_R$）』（日本アイソトープ協会，丸善，2005）．

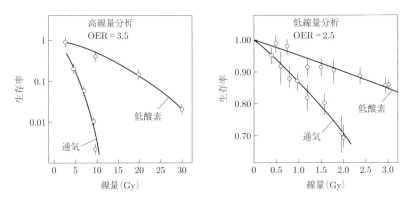

図 **3.26**　酸素量の違いによる哺乳類細胞の生存率曲線
E.J. Hall and A.J. Giaccia : *Radiobiology for the Radiologist*, 7th ed.,
Wolters Kluwer, Lippincott Williams & Wilkins（2012）．

## 3.3.4　酸　素　効　果

　酸素の存在下では，酸素が存在しない環境時と比べて生物学的効果は大きくな
る．この現象を**酸素効果**という．図 3.26 のように一般的には細胞生存率におい
て，酸素が存在している条件（通気）と比べ，低酸素条件においては放射線に対し

て抵抗性を示すことが知られている．この影響を評価するために**酸素増感比**（oxygen enhancement ratio：**OER**）という指標が用いられる．この OER は細胞の生存率が一定のときの線量比で表すことができる．

$$OER = \frac{酸素のない条件下である現象が発生するのに要する線量}{酸素のある条件下である現象が発生するのに要する線量} \tag{3.3}$$

放射線による生体内における影響の原因の一つであるラジカルの量が細胞内の酸素濃度に依存していることも，酸素効果の根拠の一つといえる．酸素効果は図3.27 のように，X 線や γ 線などの低 LET 放射線において顕著であり，高 LET

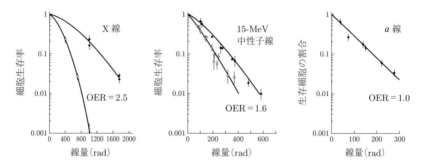

**図 3.27** X 線・中性子線・α 線における酸素効果
E.J. Hall and A.J. Giaccia：*Radiobiology for the Radiologist*, 7th ed.,
Wolters Kluwer, Lippincott Williams & Wilkins（2012）．

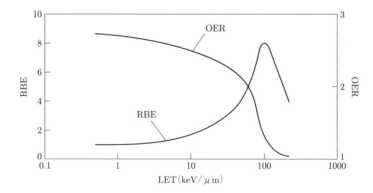

**図 3.28** LET に対する OER と RBE の関係

放射線と比べて OER は高くなる．すなわち，LET が高くなるほど OER は減少していくため，低 LET 放射線は，低酸素状態の細胞に対する毒性は低い．LET に対する OER と RBE の関係を図 3.28 に示す．

大気下では酸素濃度は約 20% で，放射線抵抗性はおよそ 0.5% であることを確認することができる．体内において，多くの臓器は酸素濃度が約 20% であるが，がん細胞の一部は低酸素状態となっていることがあり，放射線治療において酸素効果の影響は極めて大きい．

### 3.3.5　線量率と分割照射

単位時間あたりに投与された線量のことを**線量率**という．ある生体が同じ総量の線量を受けたとしても，その線量を受けるのに要した時間によって，その生体に生じる影響の大きさが異なってくる場合があることが知られている．これを**線量率効果**という（図 3.29）．

低 LET 放射線では，同じ線量でも高線量率（たとえば 1 Gy/min）で照射したときのほうが，低線量率（たとえば 1 Gy/hr）での照射よりも生存率は小さくなる．

線量率効果は，細胞実験や動物，ヒトで観測されており，構成する細胞の，放射線による損傷からの回復によって生じるものと考えられている．一般に，線量率効果が顕著に現れるのは X 線など低 LET 放射線によるもので，$\alpha$ 線や重粒子線のような高 LET 放射線では回復がほとんど起こらず，このため線量率効果もほとんど認められない．

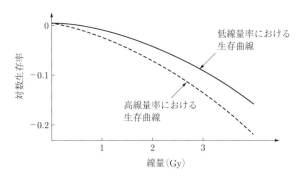

図 **3.29**　線量率に応じた細胞の生存率曲線

　細胞の損傷からの回復には，**亜致死損傷（障害）回復**（sublethal damage recover（repair）：**SLD 回復**，**SLDR**）と**潜在的致死損傷（障害）回復** potentially lethal damage recover（repair）：**PLD 回復**，PLDR）がある．SLD 回復の存在は，El-kind（エルカインド）らの培養細胞の分割照射実験によって示された．このため，SLD 回復は **Elkind 回復**ともよばれることがある．

　同じ線量でも，一度に照射する場合のほうが分割して照射する場合よりも生存率は低くなる．図 3.30 には，**分割照射**による生存率曲線の振舞いが示されている．一度の照射での生存率曲線が破線である．横軸に沿って矢印で示されている線量を多分割して照射した場合の生存率は実線で描かれた曲線のようになる．多分割照射では，分割した 1 回の照射ごとに細胞の生存率曲線の振舞いがリセット（＝細胞の回復）されるため，直線ではなく肩をもつような生存率曲線の場合には多分割照射による線量率効果が観測されることになる．

　SLD 回復は，細胞分裂が活発に行われている細胞でみられる現象であり，分割照射によって実験的に観測されることができる現象である．一方で，PLD 回復は増殖を止めている細胞（プラトー状態にあるという）が放射線照射後特に 2〜6 時間の間にみられる現象であり，これは分割照射とは関係がないことがわかっている．また PLD 回復の線量率効果は一般に小さいといわれている．SLD 回復と PLD 回復の対比を表 3.1 に示す．

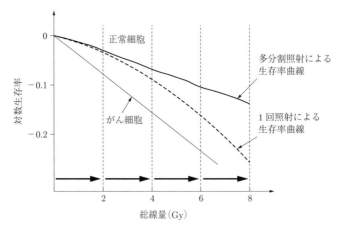

**図 3.30**　分割照射による生存率の変化

表 **3.1**　SLD 回復と PLD 回復

|            | SLD 回復   | PLD 回復    |
|------------|-----------|------------|
| 細胞の状態  | 増殖状態   | プラトー状態 |
| 線量率効果  | あり       | 小さい      |
| 分割照射    | 影響する   | 影響しない  |
| LET 依存性  | 大きい     | 小さい      |
| 回復期間    | 10 数時間  | 2〜6 時間   |

　がん細胞など DNA に異常のある細胞は，細胞損傷からの回復機能が正常細胞に比べて一般に低下している．このような回復機能が低下した細胞において，生存曲線がほぼ直線となり，このため分割照射の効果はほとんどみられなくなる（図 3.30 の直線）．放射線によるがん治療で分割照射を利用している理由は，分割照射によって正常細胞の SLD 回復を促すとともに，がん細胞の SLD 回復機能の低下によってその生存率が投与線量に対して指数関数的に（対数表記で直線的に）減少することにより，両者の生存率の差を効果的に拡げることができるためである．また，SLD の回復期間が一般に十数時間であることが，放射線治療を日々で分割して実施することに対する理論的な妥当性となっている．
　分割照射による生物学的な効果を取り入れた線量指標の一つに，**生物学的等価線量**（biologically effective dose：**BED**）がある．これは異なる分割回数による照射に対して生物学的な影響が等価となる線量を表現するもので，一般に次のように定義されている．

$$\text{BED} = nd\left(1 + \frac{d}{\alpha/\beta}\right) \tag{3.4}$$

　ここで $n$ は分割回数，$d$ は分割 1 回あたりの線量である．この BED は生存率に対する直線-二次曲線（LQ）モデル

$$S = e^{-(\alpha D + \beta D^2)} \tag{3.5}$$

に直接関係しており，BED における $\alpha$ および $\beta$ は，LQ モデルの指数関数の肩における総線量 $D(=nd)$ のそれぞれ一次項および二次項の係数と等しい．すなわち，BED は生存率の二次の項がないとしたときの，細胞の生存率に一致する線量であり，$\alpha/\beta$ 比が与えられれば，BED が等価となる分割回数と 1 回の線量

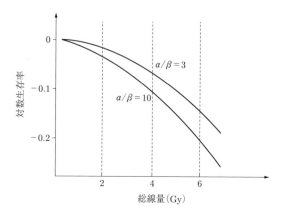

図 **3.31**　$\alpha/\beta$ 比の違いによる生存率曲線の違い

　の組を得ることができる．$\alpha/\beta$ が大きいと線量の一次の項の影響が大きく，逆に小さいと線量の二次の項の影響が大きくなる．このことから，$\alpha/\beta$ 比は細胞の放射線感受性に関係する量と捉えることができ，放射線治療などでは，$\alpha/\beta$ が大きいと急性，逆に小さいと晩期性の影響が現れやすいと考える（実際には，障害の発生率から $\alpha/\beta$ を推定することになる）．図 3.31 に $\alpha/\beta$ 比の違いによる生存率曲線に現れる違いを示した．

　線量率効果と関連して，放射線防護領域において，（単位線量あたりの）生物学的効果が低線量・低線量率の放射線被ばくでは高線量・高線量率における被ばくと比較して通常低いことを一般化した，判断によって決められた係数があり，これは**線量・線量率効果係数**（dose and dose-rate effectiveness factor : **DDREF**）として知られている．DDREF は，主に原爆被ばくによる固形がんの発がん率や死亡率に対する，低線量・低線量率被ばくによる過剰相対リスクの推定に使われている量である．しかしながら，たとえば国際放射線防護委員会（ICRP）2007 年勧告では 2 を，米国科学アカデミーの電離放射線の生体影響に関する諮問会議（BEIR）では 1.5 を採用しているように，その値にはなお不確定な部分が大きい．

　3.3.4 項より，X 線照射の場合，低酸素状態のほうが放射線感受性が弱い．分割照射の場合，図 3.32 のように，がん組織の毛細血管から近くて酸素濃度が比較的高い部分でがん組織が消滅する．照射の間に組織の再生が起こるが，ここでも同じプロセスが繰り返され，がん組織全体が消滅すると考えられている．

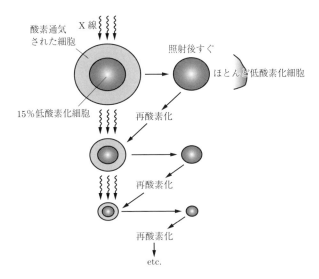

図 **3.32**　X 線分割照射における血管再生と酸素供給
E.J. Hall and A.J. Giaccia : *Radiobiology for the Radiologist*, 7th ed.,
Wolters Kluwer, Lippincott Williams & Wilkins(2012).

## 3.4　細　胞　応　答

　細胞は，外部環境からの刺激を感知し，細胞間や細胞内において情報のやりと
りを行い反応・応答する仕組みをもっている．このような情報のやりとりは**シグ
ナル伝達**とよばれ，通常起点となる刺激を受けてからさまざまな段階を経ること
で最終的に何らかの反応が起こる．このような細胞応答の一つに，放射線により
引き起こされた DNA 損傷に対する応答がある．本節では，放射線による DNA
損傷の感知とシグナル伝達の仕組み，および応答の一つとして**細胞周期チェック
ポイント**の分子機構について述べる．

### 3.4.1　シ グ ナ ル 伝 達

　放射線をはじめとしたさまざまな外部刺激により細胞内の DNA に損傷が引き
起こされた際，損傷箇所を修復させる機構がはたらく．ここでは，まず損傷の存

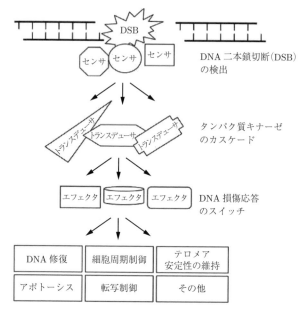

**図 3.33**　DNA 損傷の際のシグナル伝達
Y. Zhang, *et al.*, Cell Research **16**(2006)45.

在をセンサが検出，つづいて検出されたシグナルをトランスデューサが標的まで
伝達し，エフェクタに作用する．以上の3段階を経て DNA 修復やアポトーシス
誘導などの反応を示す（図 3.33）．このシグナル伝達の例として，放射線が照射さ
れた細胞の核における，さまざまなタンパク質の複合体であるフォーカスの形成
がある．これは DNA 損傷が生じた際に，感知や修復に関連するタンパク質が損
傷箇所に集まってくることを意味している．このようなフォーカス形成を詳細に
調べることで，DNA 損傷後のシグナル伝達においてさまざまなタンパク質を同
定し，そのはたらきを見出すことができる．ここでは，放射線による DNA 損傷
のうち深刻な影響を示す二本鎖切断におけるシグナル伝達で中心的な役割を果た
す ATM タンパク質や ATR タンパク質などについて述べる．

　DNA に二本鎖切断が生じると，Ku タンパク質や MRE11-RAD50-NBS1
（MRN）複合体などがセンサ機構として切断個所を検出する．これらをきっかけ
に，毛細血管拡張性運動失調症（AT）の原因遺伝子である ATM タンパク質をは

じめとしたさまざまなタンパク質が切断箇所に引き寄せられ，リン酸化などの作用を通じてシグナルが下流へと伝えられる．このリン酸化などのシグナル伝達においてATMタンパク質は重要な役割を果たしている．ATMタンパク質は，DNA修復因子であるNBS1やBRCA1，がん抑制遺伝子として代表的なp53タンパク質などをリン酸化させる．DNA損傷シグナル伝達の上流で中心となってはたらくタンパク質には，ATMタンパク質のほかに，構造や機能がATMタンパク質と類似しているATRタンパク質，二本鎖切断の修復に関わるDNA-PKcsなどがある．このようなさまざまなタンパク質を介してシグナルが伝達され，DNA損傷応答のスイッチが入ることでDNA修復や細胞周期停止などの細胞応答が現れる．

## 3.4.2　細胞周期のチェックポイント

　放射線を照射された細胞では照射後に分裂時間が延長する現象(分裂遅延)がみられる．細胞には通常細胞周期が正しく進行しているかを監視し，異常などがみつかった場合には細胞周期を停止させ，次の周期に移行させないチェック機構が備えられている．この仕組みは**細胞周期チェックポイント**とよばれ，1989年にHartwell(ハートウェル)とWeinert(ワイナート)によって提唱された．DNA損傷などの異常が検知されると，各チェックポイントで細胞周期が停止し，損傷が修復されると再び細胞周期に復帰されたり，また修復が困難であると細胞死に誘導されたりする．主に①$G_1$期からS期へ移行する際のチェックポイント($G_1$期チェックポイント)，②S期チェックポイント，③$G_2$期からM期へ移行する際のチェックポイント($G_2$期チェックポイント)，④M期チェックポイントの四つの細胞周期チェックポイントが知られており，それぞれのチェックポイントで異なった制御機構が複雑にはたらいている(図3.34)．たとえば放射線照射された細胞にカフェインを処理すると上記の$G_2$期チェックポイント制御による分裂遅延が見かけ上減少する現象がみられ，さらに細胞の致死率が上がることが知られている[15]．最近では図3.35のように，同様の機構を利用した$G_2$期チェックポイント制御を阻害する薬剤(VE-821など)の開発がさかんである[16]．図3.35は放射線照射24時間後の細胞集団における$G_1$期と$G_2$/M期の細胞数を示している．放射線照射されると$G_2$期の細胞が多くなっているが(図(a))，$G_2$チェックポイント阻害作用を示す薬剤VE-821で処理を行うと，$G_2$期の細胞にチェックポイ

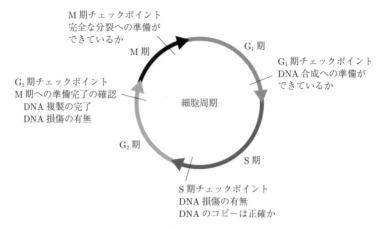

図 **3.34**　各細胞周期におけるチェックポイント

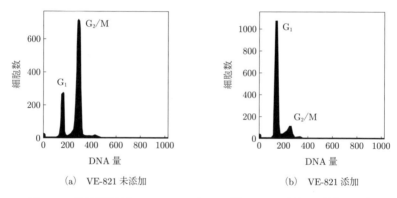

(a)　VE-821 未添加

(b)　VE-821 添加

図 **3.35**　放射線照射後の VE-821 による G$_2$ 期チェックポイント制御の阻害
放射線照射 24 時間後の細胞周期

ント機構がはたらかず，細胞分裂を経て G$_1$ 期の細胞が多くなっている（図(b)）．
このことから，チェックポイント制御は細胞死を回避する生体反応の一つではな
いかとも推測されている．

　細胞周期停止の分子機構として，細胞周期エンジンであるサイクリン-CDK
（cyclin dependent protein kinase）のはたらきが抑制される．たとえば G$_1$ 期

チェックポイントでは p53 タンパク質が中心的な役割を果たしている．3.4.1 項で述べたシグナル伝達により，p53 は ATM や ATR により直接または Chk1，Chk2 というタンパク質を介して間接的にリン酸化される．その後，活性化された p53 はいくつかの種類のサイクリン–CDK と結合する p21 タンパク質の転写を活性化し，産生を促すことで，$G_1$ 期において細胞周期が停止され，S 期へと移行できなくなる．

## 3.5　細　胞　死

　細胞は生命の基本単位である．細胞が集まって組織を形成し，さらに組織が集まって器官を形成し，それらの器官が集まって人体を形成している．放射線の影響を考える際，細胞の死は重要な課題であり，ヒトの死との関係性も少なくない．近年，細胞死にさまざまな種類がみつかっており，複雑であることがわかってきた．ここでは細胞死について細胞周期や形態の観点から**間期死**と**増殖死**，**アポトーシス**と**ネクローシス**について述べる．

### 3.5.1　間期死と増殖死

　ヒトが大量の放射線に被ばくするとさまざまな放射線障害が起こり，場合によっては個体の死に至るように，細胞も放射線に被ばくすると細胞死を引き起こす．細胞死に至る過程は主に次の 2 種類に分けられる．すなわち放射線に被ばくした細胞がそれ以上分裂することなく起こる**間期死**と，細胞が分裂過程で分裂能を失っていくことによって起こる**増殖死**である．間期死は，間期にある細胞が何らかの損傷を受けた後，分裂することなく死に至るものであり，神経細胞，筋細胞などの分化した細胞などでみられる．細胞分裂している細胞においても，増殖死が起こる線量よりもさらに大きな線量により間期死が起こる．また，間期死はリンパ球などでは小線量でも起こるが（これは後述するアポトーシスが関与している），一般的には上記のように大線量により引き起こされる細胞死と考えられている．

　一方で増殖死は，骨髄や腸の幹細胞，培養細胞など分裂がさかんな細胞においてみられる．分裂を数回繰り返した後にそれ以上分裂ができなくなりそのまま死滅したり，また分裂をしないまま代謝機能は維持することで細胞の巨大化を果た

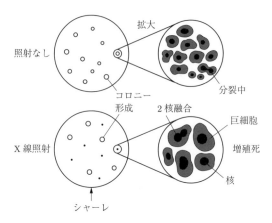

**図 3.36**  細胞のコロニー形成能と X 線による増殖死

したりする．細胞が分裂を停止し巨大化する(巨細胞)現象は**細胞老化**ともよばれており，これも含め細胞死と捉えられている．

放射線照射後のこれらの細胞死を評価する方法として，**コロニー形成法**が一般的に用いられる．これは 1 個の細胞が分裂を繰り返してある一定数の細胞から成る細胞群(コロニー)を形成するかどうかを目視で確認する方法であり，間期死の細胞は分裂することなく細胞が消滅し，増殖死は巨細胞がみられることとある一定数以下の細胞群をもって評価できる(図 3.36)．

### 3.5.2  アポトーシスとネクローシス

放射線により被ばくした細胞は，増殖死や間期死などの細胞死が引き起こされる．この細胞死については，1972 年に Kerr(カー)らにより形態的に細胞が縮小し，核が凝縮している様子などが観察され，その後，このような過程を経て細胞が死ぬことがわかった．このことから，傷害による受動的な細胞死であるネクローシスとは異なる自発的な死のプロセスが，"プログラムされた細胞死：**アポトーシス**"とよばれるようになった．リンパ球などで小線量の放射線照射で起こる細胞死もアポトーシスである．それからは病理・生理学的な観点からもさかんに議論されるようになり，現代に至るまで細胞死の詳細が分子レベルで明らかになってきた．

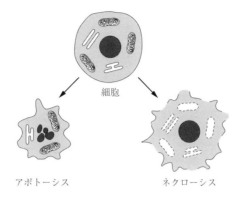

細胞

アポトーシス　　　　　　　　　　　ネクローシス

図 **3.37**　アポトーシスとネクローシス

　ネクローシスについてはいまだに詳細なメカニズムはわかっていない点も多いが，傷害を受けた細胞は膨潤・破裂して，さらにミトコンドリアなどの細胞内小器官が流出し，細胞溶解が進む．よって，周囲に内容物をまき散らし害を及ぼすことになる．これに対しアポトーシスは核の断片化や核内クロマチンの凝縮が進み，内容物が包み込まれたアポトーシス小体の形成を経て，周辺のマクロファージなどの貪食により内容物を周囲にまき散らすことがないことが特徴である（図3.37）．アポトーシスとネクローシスは間期死の主な要素であるが，このように特徴としても大きく異なる．

　実験的なアポトーシスの検出には特徴的なクロマチン単位の DNA 切断の確認や，**TUNEL**（TdT-mediated dUTP nick end labeling）法とよばれるアポトーシスを起こした細胞中の断片化された DNA を蛍光標識して観測する検出法が一般的に用いられる．さらにアポトーシスの初期の段階においては，細胞膜表面に膜リン脂質が現れる．そこで親和性の高い蛍光標識させた Annexin V を結合させることで，初期のアポトーシスを検出できる．また，アポトーシスは細胞周期のチェックポイント制御でも重要な役割を担っている **p53** タンパク質と深く関係していることがわかっている．

## 3.6　放射線感受性

　細胞死において**放射線感受性**の議論は重要である．このような感受性の違いに

はさまざまな要因が考えられている．一般に Bergonie-Tribondeau(ベルゴニー-トリボンドー)の法則によると，放射線の影響は細胞分裂頻度が高いほど，将来の細胞分裂回数が多いほど，すなわち形態や機能が未分化なほど，強く現れる．しかし，この法則には多くの例外が存在する．たとえば，不可逆に分化したリンパ球は非常に放射線感受性であり，がんの大元ともいえるがん幹細胞は放射線抵抗性とされる．

　細胞レベルにおいて，放射線感受性を左右する要因として，環境要因，DNAに関する要因，放射線に関する要因の三つの分類が可能である．

## 3.6.1　環　境　要　因

　放射線感受性を変化させる要因としてまず，酸素濃度，熱，塩濃度などの環境要因があげられる．

　酸素濃度がある一定以下になると，放射線の間接効果の影響が弱まり，細胞は放射線抵抗性を示す．大気中の酸素分圧はおよそ 155 mmHg で，放射線抵抗性はおよそ 20 mmHg より低い酸素分圧でみえ始め，3 mmHg より低い酸素分圧でおよそ 2 倍の抵抗性を確認できる．がん細胞は多くの低酸素領域を含むため，このことは，がんの放射線治療における最大の問題の一つである．

　熱は細胞の放射線感受性を増大する．細胞は温熱処理(ハイパーサーミア)に対して可逆的に放射線感受性となる．一般的な細胞培養が行われる温度である 37℃からわずか数℃の上昇で，放射線照射前後にかかわらず細胞の放射線感受性を増大する．この原理は，実際の放射線治療の補助的処理として，温熱療法と放射線の併用治療という形で用いられている．

　塩濃度もまた放射線感受性を大きく変化させる．低張液処理，また高い塩濃度処理のどちらにおいても，細胞はその放射線感受性を増大する．放射線照射後のシグナル伝達に関わるタンパク質の失活や，クロマチンの構造変化が起こっているためであると考えられる．

## 3.6.2　DNA に関する要因

　DNA に着目すると，以下の 2 点において放射線感受性の変化を確認できる．
　まず，ハロゲン化ピリミジンによる感受性の変化があげられる．その代表とし

て，チミンのアナログであるブロモデオキシウリジン(BrdU)がDNA合成に
よってDNAに取り込まれると，放射線感受性は増大する．その機序は，放射線
がBrをラジカル化し，Brラジカルが他のBrdUを連鎖的にラジカル化する．こ
れによってDNAは崩壊しやすくなる．これはDNAが放射線のターゲットであ
ることの強力な証拠である．

　もう1点は，倍数体による放射線感受性の違いである．体細胞は普通，二倍体
であり，減数分裂で一倍体となり，またがん化，分化の過程で四倍体，六倍体と
いった異数体となり得る．必ずしもヒトを含む高等真核生物細胞に適応できない
が，DNA量が多い倍数体の細胞で放射線抵抗性が増すことが，酵母の実験によ
り示されている．すなわち，放射線による損傷で失われる遺伝情報を重複する他
の遺伝子で補填することができると考えられる．

### 3.6.3　放射線の線質や照射条件

　細胞は放射線の種類に応じて異なる放射線感受性を示し，高LET放射線に対
して感受性を示す．ただし，低LET放射線に感受性を示す細胞は，高LET放
射線に対してより強い感受性を示すとは限らない．

　また一般に，放射線感受性は，線量率が高いほうが高くなる．放射線生物学実
験で使われるのはおよそ1 Gy/min程度の線量率であるが，この線量率が1 Gy/
hrほどに変化すると細胞は十分な放射線抵抗性を示す．さらに線量率が低くな
ると放射線感受性はもっと少なくなっていく．すなわち，線量率が低くなると，
照射の最中に放射線でつくられる傷が修復されると考えられる．

　放射線を照射後，細胞を異なる条件におくと放射線感受性に変化がみられる．
その一つは，亜致死障害回復(SLD回復，あるいはElkind回復)で，放射線の照
射を分割した場合にみられる感受性の変化である．たとえば，放射線照射を2回
に分割して行い，照射の間を3時間とすると，細胞の生存率は，1回で2回分を
照射したものと比較して，大幅に上昇する．もう一つは，細胞に致死的な放射線
量を照射した後に，増殖困難な条件(低温，低栄養，低酸素など)を維持すると，
細胞死を免れる潜在的致死障害回復(PLD回復)である．

## 3.6.4 細胞レベルにおける感受性

### a. 細胞周期

　細胞は一定の細胞周期サイクルを通して分裂し，増殖する．前述のように，さかんに増殖している細胞は放射線に感受性を示す．すなわち細胞周期の一部は放射線感受性であることが推測できる．

　細胞は$G_1$-S-$G_2$-M期を通して分裂を完了する（図3.4，図3.34参照）．この細胞周期において，最も放射線感受性を示すのはM期の細胞であり，同様の感受性を示すのは$G_1$期後半からS期に入る直前，および$G_2$期後半からM期に入る直前である．そして，最も放射線抵抗性を示すのはS期後半，そして$G_1$期が十分に長い場合，$G_1$期の前半である．まずM期の細胞においては，放射線照射によって引き起こされるDNA損傷を完全に治すことができずに分裂を完了してしまうため，その娘細胞は死に至る．ついで感受性が高い$G_1$期後半と$G_2$期後半であるが，それぞれS期，M期に入る前のチェックポイントを過ぎてしまうと，DNA損傷があっても，細胞周期を止めてDNA修復をすることができず，損傷がDNA合成，細胞分裂で固定されるため，感受性を示す．しかし，これらチェックポイントの前では，DNA損傷はチェックポイントシグナルを活性化させ，細胞周期を止める．そのため放射線抵抗性となる．また，S期後半では，DNA合成によってつくられた姉妹染色分体を用いる相同組換え修復を行うことができるようになるため，放射線抵抗性を示す．

### b. アポトーシス

　細胞は，放射線によりある一定以上の損傷を受けると，アポトーシスにより傷を次世代に残さないようにして，突然変異の蓄積，さらにはがん化を防ぐ機構をもっている．アポトーシスは複数の遺伝子産物である多くのタンパク質，酵素によって制御されている．その代表が*TP53*遺伝子とその遺伝子産物であるp53タンパク質である．*TP53*遺伝子に変異が導入されると，p53依存性のアポトーシスが減少し，放射線抵抗性を示す．これはすなわち，傷をもった死すべき細胞が死なずに生き残るのであって，ゲノムの不安定性やがん化への大きな一歩であるといえる．よって，アポトーシスを起こしにくい細胞は一般に放射線抵抗性であり，アポトーシスを起こしやすい細胞は放射線感受性である．しかし，これも多くの例外があり，アポトーシスを起こしにくい細胞でも放射線感受性を示すも

のがある.

### c.　遺伝子変異

　放射線はさまざまな DNA 損傷を引き起こし，細胞死を導く．その中で最も重篤な損傷は DNA 二本鎖切断である．この DNA 二本鎖切断の修復には多くのタンパク質が関わっていて，これらのタンパク質をコードしている遺伝子に変異があると，タンパク質の機能が損なわれ，修復ができなくなる．そのような遺伝子変異をもった細胞は放射線感受性を示す．また，放射線は多くの種類の傷をつくるため，放射線感受性を引き起こす遺伝子変異は DNA 二本鎖切断修復に限られず，幅広く DNA 修復に関わる．放射線感受性を示す次のような遺伝病が知られている．（　）内はそれぞれ，変異をもつ遺伝子である．血管拡張性失調症（*ATM*），Nijmegen（ナイミーヘン）症候群（*NBS1*），ファンコニー症候群（*FA*），重症複合型免疫不全症，スキッド（*DNA-PKcs, Artemis*），Bloom（ブルーム）症候群（*BLM*）．

　また細胞死としてのアポトーシスに着目すると，3.5.2 項でも述べたように p53 タンパク質の影響を考慮する必要がある．*TP53* 遺伝子はアポトーシスを誘導する主な要因であることから，この遺伝子の有無は放射線感受性の高さを判断するうえで重要な要素となる．一般的にがん患者の約半数はがん細胞中の *TP53* 遺伝子に異常があり，p53 タンパク質が正常にはたらかないためアポトーシスの誘導率が低く，放射線抵抗性となる．このようなことから *TP53* 遺伝子を導入させ強制発現させることで放射線感受性を高め，腫瘍抑制効果を増強させるための遺伝子治療研究が行われている．

## 3.7　突　然　変　異

　遺伝子とは，遺伝情報をもち形質を発現したり子孫に伝えたりするもので，その本体は DNA である．細胞の核内では，DNA はヒストンなどのタンパク質とともに染色糸をつくっている．細胞分裂の際に染色糸が太く短く凝縮したものが染色体である（図 3.3 参照）．

　放射線や化学物質などの外的な要因や DNA の複製エラーなどの内的な要因により DNA の損傷が生じると，適切な DNA 修復機構がこれを感知して修復しようとするが，正しく修復されない場合には DNA の遺伝情報に不可逆的な変化が

起こる可能性がある．このような DNA や染色体の変化を**突然変異**という．

　突然変異には，DNA の一塩基から数塩基が他の塩基に置き換わるレベルから，染色体の構造や数の変化に至るまで，種々の程度の変化が含まれる．DNA の一塩基から数塩基だけが変化して染色体の構造や数には変化がみられないものは，**遺伝子突然変異**とよばれる．一方，染色体の構造や数に変化がみられるものは，**染色体異常**とよばれる（古典的には，染色体突然変異ともよばれる）．

　突然変異が，体細胞で起こる場合と生殖細胞で起こる場合には，その意味は異なってくる．突然変異が体細胞で起こる場合には，その変異は，致死作用をもっていない限りは，細胞分裂のたびに娘細胞に伝わっていき，遺伝子異常が蓄積していった場合には，がんなどの発症の原因になり得るが，子孫には伝わらない．これに対し，突然変異が生殖細胞において起こった場合には，それは子孫へ伝わり，**遺伝性影響**が生じる可能性がある．

### 3.7.1　遺伝子突然変異

　ヒトの体内では，一生に約 $10^{16}$ 回の細胞分裂が起こる．細胞分裂の際には，鋳型となる DNA 鎖の塩基に対して相補的な塩基（グアニン（G）：シトシン（C），アデニン（A）：チミン（T））が正しく選択され新生鎖が複製されることにより，正確に遺伝情報を伝えることができる．不正確な複製の際には，それを修復する仕組みも存在する．ただし，それらの仕組みは非常に精密であるもののその精度には限界もあり，外から人為的に手を加えなくとも，突然変異は，自然の状態においてもある一定の低い頻度で起こる．ヒトの場合には，DNA ポリメラーゼの複製の間違い（複製エラー）により，細胞分裂 1 回あたりに一つの遺伝子に約 $10^{-6} \sim 10^{-7}$ の確率で**点突然変異**（ミスマッチ）が引き起こされるが，DNA ポリメラーゼの**校正機能**により，変異の確率は $10^{-9}$ まで低下する．さらに，校正がもれたものに対しては，**ミスマッチ修復機構**がはたらくことにより，変異の確率は $10^{-10}$ まで低下する．放射線や種々の化学物質，発がん物質などを作用させた場合には，使用した放射線の線量や照射時間，化学物質の濃度や処理時間などに応じて，突然変異の頻度が上昇する．このような人為的に誘発された突然変異を誘発突然変異という．近年の研究から，このような変異原による直接的な突然変異誘発以外にも，通常の細胞内でのエネルギー合成の過程で恒常的に生成される活性酸素によっても突然変異が引き起こされることがわかってきた．

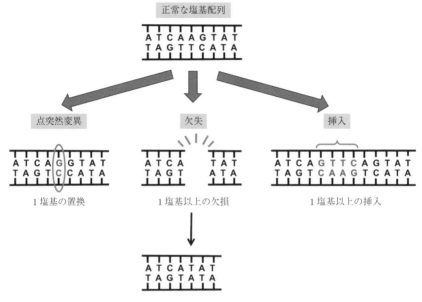

図 **3.38**　突然変異の種類

　遺伝子突然変異には，遺伝子の配列レベルという観点からは，DNA の一つの塩基の**置換**(ミスマッチ)，または，二つ以上の塩基の置換，一つ以上の塩基の**欠失**，**挿入**などがあり(図 3.38)，mRNA への転写を経て，アミノ酸に翻訳されるレベルに起こる影響という観点からは，アミノ酸配列には影響を与えない**サイレント変異**，アミノ酸が置き換わる**ミスセンス変異**，アミノ酸のコードが終止コドンに変化する**ナンセンス変異**，3 の倍数ではない数の塩基の挿入または欠失の結果，フレームがずれて以降のアミノ酸配列がすべて変化する**フレームシフト変異**などの分類がある．このうち，サイレント変異については，DNA の配列が変化してもアミノ酸は変わらないために同じタンパク質がつくられ，影響はないと考えられるが，ミスセンス変異，ナンセンス変異，フレームシフト変異の場合には，異なるタンパク質がつくられるようになり，それに伴い，タンパクの機能が変化(亢進，もしくは，低下，消失)することがある．

　それぞれの種類の突然変異の生成過程を以下に概説する(図 3.39)．まず，DNA 複製エラーなどの原因でミスマッチができたと仮定する．ミスマッチは，

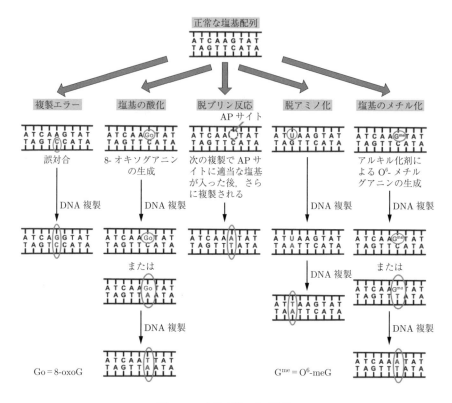

図 3.39　突然変異の生成過程

発見しだい，すぐに DNA ポリメラーゼの校正機能により校正され，さらに，校正されなかったミスマッチについては，引き続き，ミスマッチ修復機構により修復が試みられる．しかし，これらの修復機構によってうまく修復がなされないままに次の DNA 複製が始まる場合には，ミスマッチのある 2 本のポリヌクレオチド鎖のそれぞれが鋳型となって新生鎖が合成されることになる．このとき，新生鎖はそれぞれの鋳型の配列に沿って忠実に合成されるため，結果として，新しくつくられる二つの二重らせん型 DNA の塩基配列のうち，一つは違ったものになる．しかも，二つの二重らせん型 DNA の塩基配列が互いに異なるものの，どちらも DNA 分子としての構造には異常がないために修復の対象とはならず，もともとの配列と異なるほうの DNA 鎖では，突然変異が「固定」あるいは「確定」する

ことになる.

　ゲノム DNA の配列中には, 同じ塩基がいくつも並んでいる場所やマイクロサテライトとよばれる単純な数塩基単位の反復配列が存在する. このような場所では, DNA 複製のエラーが起こりやすく, 繰返しの回数が変わってしまうことがある. このようなマイクロサテライトの挿入, 欠失のループは, ミスマッチ修復機構により修復される. 遺伝性非腺腫性大腸がん(hereditary non-polyposis colorectal cancer：HNPCC)においては, ミスマッチ修復遺伝子である *MSH2*, *MLH1*, *PMS1*, *PMS2*, *MSH6* の生殖細胞系列変異により, **マイクロサテライト不安定性**が生じることが知られ, 散発性のがんの一部でもマイクロサテライト不安定性が報告されている.

　放射線照射で生じる DNA 損傷は, 塩基損傷, 一本鎖切断, 二本鎖切断, 架橋形成など, 多種多様である(3.2 節参照). これらのうち, 塩基損傷は主に**塩基除去修復とヌクレオチド除去修復機構**により修復され, 一本鎖切断も比較的修復しやすい. 塩基損傷は, 修復される前に複製が始まる場合には, 損傷乗り越え型の DNA ポリメラーゼによる複製の対象となり, 塩基置換や数塩基の小さな欠失あるいは挿入などの点突然変異の原因になる. 一方, **DNA 二本鎖切断**は, 双方の DNA 鎖から情報が失われるため修復が困難で, 大きな DNA 領域にわたる欠失を高頻度に誘発する. また, DNA 二本鎖切断の末端のつなぎ間違いでは, **染色体転座**が誘発される(3.7.2 項参照).

　前述のとおり, 放射線に限らず, 通常の細胞内の代謝の過程で発生する**活性酸素**による酸化塩基損傷も遺伝子突然変異の主要な原因の一つである. DNA を構成する 4 種類の塩基のうち, 最も低い酸化還元電位をもつグアニンが活性酸素によって特に酸化されやすく, その主な酸化体は 8 位が酸化された 8-オキソグアニン(8-oxoG)である. 8-オキソグアニンの生成経路には 2 通りあり, DNA 中のグアニンが直接酸化される場合とヌクレオチド中の 8-oxo-dGTP が DNA 合成の際に取り込まれる場合がある. 細胞分裂の際には, 鋳型となる DNA 鎖の塩基に対して相補的な塩基が正しく選択され新生鎖が複製されることにより, 正確に遺伝情報を伝えることができるが, 8-オキソグアニンは, グアニンとは異なり, シトシンだけでなくアデニンとも安定な対合を形成することができる. そのため, 8-オキソグアニンによって突然変異が誘発されることが近年の研究から明らかになっている. 鋳型鎖の 8-オキソグアニンに対してアデニンが取り込まれ修復されなかった場合には, 次の DNA 複製時にアデニンに対してチミンが取り込まれ,

もともとグアニンだった場所はチミンに置き換わる($G \rightarrow T$ 変異）．一方，鋳型鎖のアデニンに対して 8-oxo-dGTP が取り込まれた状態で修復されない場合には，次の複製時にシトシンが取り込まれ，アデニンがシトシンに置き換わる（$A \rightarrow C$ 変異）．この 8-オキソグアニンに起因する突然変異を防ぐ仕組みとして，DNA 中のシトシンに対合している 8-オキソグアニンを除去する活性を有する酵素として塩基除去修復を開始する OGG1（8-オキソグアニン DNA グリコシラーゼ）が，また，ヌクレオチドプール中の 8-oxo-dGTP を分解する活性を有する酵素として MTH1 が同定されている．また，DNA 中の 8-オキソグアニンに対して DNA 複製の過程で誤って取り込まれたアデニンを除去する活性を有する MUTYH が，$G \rightarrow T$ 変異の頻度を低く抑えていることも報告されている．さらに，ミスマッチ修復機構やヌクレオチド除去修復機構も 8-オキソグアニンが蓄積するのを抑えるのに寄与していると考えられている[20]．

　ほかに突然変異が生成される過程として，デオキシリボースとプリンヌクレオチドをつないでいる $N$-グリコシド結合が開裂することによって塩基が失われる反応である**脱プリン反応**がある．DNA 上の塩基が失われている部位を AP サイトという．AP サイトが修復されないうちに DNA ポリメラーゼが来ると，DNA の複製はいったん停止するものの，結局は AP サイトに適当な塩基を入れて先へ進む．これによって突然変異が起こる．

　塩基からアミノ基が失われる脱アミノ化は，100 塩基/日の頻度で加水分解によって起こる．シトシンが脱アミノ化するとウラシルに変化する（$C \rightarrow U$ 変異）．ウラシルはアデニンと対をつくるので，脱アミノ化をそのままにしておくと DNA の複製によって $U : G \rightarrow U : A$ となり，もう一度複製を行うと $U : A \rightarrow T : A$ となる．こうなると $C : G$ が完全に $T : A$ となる（$C : G \rightarrow U : G \rightarrow U : A \rightarrow T : A$）．通常，DNA のシトシンの約 4% はメチル化されて 5-メチルシトシンとなっており，脱アミノ化は 5-メチルシトシンにも起こる．5-メチルシトシンが脱アミノ化するとチミンへ変異する．この状態で DNA の複製が起こると $G : T \rightarrow A : T$ となる（$G : MeC \rightarrow G : T \rightarrow A : T$）．チミンは DNA に存在する正常塩基であるため，5-メチルシトシンの脱アミノ化は修復されにくい．このような理由で 5-メチルシトシンは変異しやすい部位である．

　また，正常でないメチル化として，アルキル化剤によって生成される $O^6$-メチルグアニン（$O^6$-meG）などがあり，$O^6$-メチルグアニンはシトシンにもチミンにも対合する性質があるため，突然変異の原因となる．

### 3.7.2　染色体異常（染色体突然変異）

　何らかの原因によって，染色体の数や構造が変化した状態を染色体異常とい
う．先天的に染色体異常を有する場合と後天的に染色体異常が発生する場合があ
る．後天的に発生する染色体異常の成因の一つに放射線が含まれる．放射線に
よって染色体DNAには二本鎖切断が生成されるが，細胞にはDNA二本鎖切断
を修復する機構が備わっており，うまく修復されれば，切れた染色体はもとの正
常な形に修復される．しかし，間違った場所に再結合されてしまった場合には，
結果として染色体の構造異常が引き起こされることになる．したがって，放射線
によって引き起こされる染色体異常は，染色体の「構造」の異常であり，染色体の
「数」の異常は起こらない．

　放射線によって引き起こされる染色体異常には，比較的早期に消失する不安定
型異常と，幾度の細胞分裂を経ても引き継がれ長期にわたって存在しつづける安
定型異常があり，このうち，後者は発がんの原因になる．

　不安定型異常には，**環状染色体**と**二動原体染色体**がある（図3.40，図3.41）．**環
状染色体**は両腕で切断が生じ，動原体を含む中央部の両端が再結合しリング上に
なったもので，リングともよばれる．**二動原体染色体**は，動原体を2個もった染
色体のことである．細胞分裂のとき，染色体はくびれをもったX型のひも状の
形態をとる．このくびれの部分が動原体であり，通常は一つの染色体に1個だけ
存在する．しかし，放射線によって切断されたDNAが間違った場所につなぎ直
されてしまうと，二つの動原体をもった異常な染色体と動原体をもたない染色体
断片が生じる．被ばく線量が0.05 Gyを超えるあたりから，染色体異常の発生頻
度の増加傾向が統計的有意に認められることから，末梢血中のリンパ球を培養し
染色体異常の頻度を観察することにより被ばく線量を推定することが可能であ
る．環状染色体や二動原体染色体を観察することが多いが，被ばく後の経過年数
が長い場合にはこれらの異常は消失してしまっているので，近い時期の被ばく事
例においてのみ有効な方法であり，長期に残る安定型異常を調べる必要がある．

　安定型異常には，**欠失**，**逆位**，**転座**などがある（図3.40）．欠失には，同一腕内
の2ヵ所に切断が起こり中央部が欠失した腕内欠失と，1ヵ所で切断が起こり末
端部が欠失した末端欠失がある（図3.42）．逆位は，2ヵ所で切断が起き，中央部
が180°回転して再結合したものである．転座は，異なる2個の染色体どうしが
それぞれの切断点を介して入れ替わったものである．

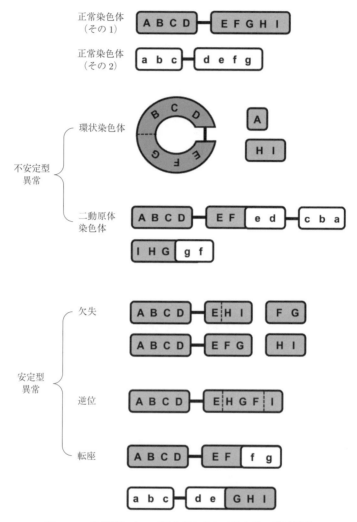

図 3.40　放射線によって引き起こされる染色体の構造異常

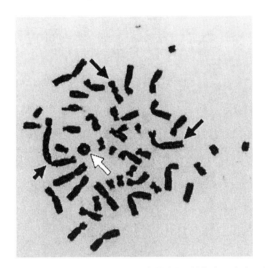

**図 3.41**　環状染色体(白矢印)と二動原体染色体(長い黒矢印，右中ほど)と
三動原体染色体(短い黒矢印，左中ほど)
1999 年 9 月 30 日に茨城県那珂郡東海村にある JCO の核燃料加工施設で
発生した原子力事故における重度の被ばく者の 1 人のリンパ球の染色体.
I. Hayata, R. Kanda, M. Minamihisamatsu, *et al.*: J. Radiat. Res. **42**
Suppl.(2001)S149.

　染色体転座は，異常な融合タンパク質の生成や特定のタンパク質の過剰合成な
どを介して細胞のがん化に寄与することが，造血器腫瘍をはじめとするさまざま
な腫瘍において報告されている．とくに，慢性骨髄性白血病においては，染色体
転座によって生じた *BCR-ABL* 融合遺伝子産物が腫瘍細胞の生存に必須のはた
らきをしており，BCR-ABL 活性を阻害する薬剤によって治療成績が劇的に改善
しつつある．さらに近年，肺がんや前立腺がんなどの固形腫瘍でも特徴的な染色
体転座がみられることもわかり，治療的意義も含めて注目を集めている．
　染色体転座が起こる分子機構はまだ十分に解明されていないが，生理的な
DNA 二本鎖切断を引き起こす酵素の誤作動，転座を抑制する DNA 二本鎖切断
修復経路の機能低下，転座を促進する DNA 二本鎖切断修復経路の機能亢進など
は染色体転座を誘導する可能性があることが，近年の研究から示唆されている．
　放射線によって特異的に生成される安定型染色体異常は存在しない．たとえ
ば，ある患者においてある安定型の染色体異常がみられた場合，その異常が放射

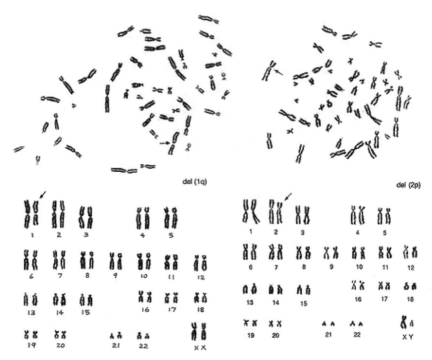

**図 3.42**  染色体欠失の例：左は1番染色体の長腕の欠失，右は2番染色体短腕の欠失．
（公財）放射線影響研究所ホームページより，https：//www.rerf.or.jp

線が原因で生じたものかどうかを明確にすることは極めて困難である．ただ，疾患特異的な染色体異常も数多く知られ，染色体異常はがんの診断にたいへん有効である．確定した診断にもとづき，疾患に対する最善の治療を施すことが求められる．

## 3.8  発 が ん

がんとは，異常に増殖して正常組織を侵害し，人体に致命的な影響を及ぼす細胞集団のことである．がん細胞は，(1)その細胞や子孫細胞が正常な制御を外れて増殖しつづけ(増殖)，(2)ほかの正常な細胞があるはずの場所に浸潤して定着し(浸潤)，(3)もともと発生した部位から離れて血流やリンパ管に入り，体内の

新たな部位でも増殖する(転移)という大きな特徴を有する.

## 3.8.1　細胞のがん化

　がんは遺伝子の病気であり,DNA の遺伝情報の異常が蓄積して起こるものである.疫学的調査で確認できるように,発がんの最大のリスクは年齢である.加齢とともに発がんリスクは対数的に増加する.すなわち,正常細胞ががん細胞になるには,1回だけの突然変異では不十分で,いくつかの突然変異が引き起こされる中で,がん遺伝子の活性化やがん抑制遺伝子の不活化が起こることが必要である.これを**多段階発がん**という.**がん遺伝子**とは,その遺伝子が突然変異によって過剰活性型になることががん化につながるような遺伝子であり,1対の遺伝子のうち一方が変異するだけで活性化する.一方,**がん抑制遺伝子**とは,その遺伝子変異によって機能を失うことががん化につながるような遺伝子のことで,機能が失われるためには,いくつかの例外を除き,1対の遺伝子が両方とも欠損または不活化する必要がある.

　しかし,一つの細胞に多数の突然変異が蓄積されるのは極めてまれな現象であるため,多段階発がんの過程において,多数の突然変異が起こる背景には,遺伝子異常が起こりやすい状態,すなわち,**ゲノム不安定性**(3.9.2 項参照)の増大を想定しなくてはならない.多段階発がんの初期〜中期の段階で,DNA 損傷修復遺伝子などのゲノムの安定維持に関与する遺伝子の変異が起こり,細胞のゲノム

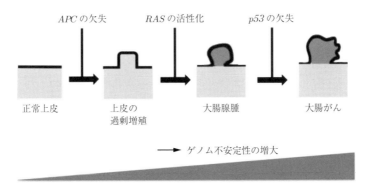

図 **3.43**　大腸がんにおける多段階発がんの例

不安定性が生じる．細胞の増殖に関わる遺伝子の異常が生じると，良性腫瘍，前がん病変などが形成される．ゲノム不安定性が増し，さらに遺伝子変異が蓄積して，がん遺伝子の活性化やがん抑制遺伝子の不活性化を起こす変異が生じると，がんが発生する．がん細胞は，さらに遺伝子の変異を繰り返すことで絶えず性質を変化させ，悪性度を高め，増殖，浸潤，転移していく．図 3.43 には，一例として，大腸がんにおける多段階発がんのステップの一例を示す．まず，一つの遺伝子の変異，すなわち *APC*(*adenomatous polyposis coli*)がん抑制遺伝子の欠失によって上皮が過剰増殖するところから始まり，その後，*RAS* がん遺伝子の活性化により腺腫となり，その後，*p53* がん抑制遺伝子などの不活化により，大腸がんとなる．この一連の変異のプロセスは多様であり，実際には，大腸腺腫の多くはがんには至らない．

　がん遺伝子やがん抑制遺伝子は，正常な細胞にも存在し，通常は，(1)**細胞増殖**，(2)**細胞周期**，(3)**細胞死**，**DNA 修復**などの **DNA 損傷応答**の制御などに関わる遺伝子群であり，これらの遺伝子の突然変異によりその機能に異常が生じたときに，がん化に向かうことになる．がん遺伝子やがん抑制遺伝子には数多くのものが報告されているが，機能別にみると，下記のようなものがある．

　(1)の細胞増殖に関わる遺伝子群は，細胞膜上の受容体に細胞外からの増殖のための刺激が増殖因子を介して伝わり，その情報が細胞膜から細胞内の増殖シグナル伝達分子群へ次々と伝達され，核内の転写因子群へ伝達する経路において機能する．この過程に関わるどの遺伝子が活性化しても，細胞増殖が恒常的に活性化することになる(図 3.44)．たとえば，*EGFR*(epidermal growth factor receptor)，*PDGFR* (platelet-derived growth factor receptor)，*VEGFR* (vascular endothelial growth factor receptor)などのチロシンキナーゼ型受容体遺伝子や *Src* ファミリー遺伝子，*ABL* などの非受容体型チロシンキナーゼ遺伝子，GTP 結合タンパク質をコードする *RAS* 遺伝子，細胞内セリン/スレオニンキナーゼ遺伝子の *Raf* は，このカテゴリーに入る代表的ながん遺伝子である．これらは，点突然変異(*RAS*)，遺伝子増幅(*EGFR*)，染色体転座(慢性骨髄性白血病や急性リンパ性白血病にみられる *BCR-ABL* 融合遺伝子)など，さまざまな分子機序で活性型の変異となる．

　(2)の細胞周期の制御などに関わるがん抑制遺伝子の中の代表的なものが，*Rb* 遺伝子である．*Rb* 遺伝子は網膜芽腫の原因遺伝子としてクローニングされたが，その後，乳がん，肺がん，骨肉腫など，多くのがんでその欠失や不活性型変

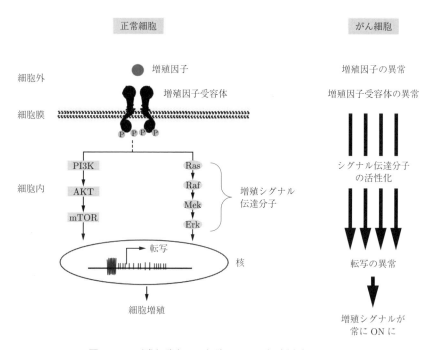

図 **3.44**　正常細胞とがん細胞における細胞増殖シグナル

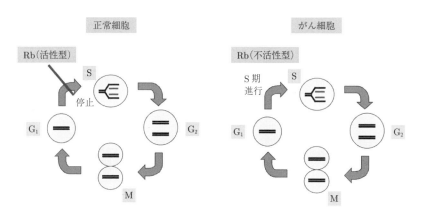

図 **3.45**　Rb タンパク質の細胞周期における役割

異が報告されている．*Rb* 遺伝子の遺伝子産物である Rb タンパク質は，細胞周期の $G_1$ 期にはリン酸化されておらず活性型になっているが，S 期になる直前で多数のリン酸化を受けて不活化する．活性型の Rb タンパク質は細胞内で転写因子 E2F と結合し，$G_1$ 期から S 期への移行を抑えている．Rb がリン酸化されると不活性型になり，E2F が遊離し，S 期への移行が促進される（図 3.45）．

（3）の細胞死，DNA 修復などに関わるがん抑制遺伝子群の代表例として，*TP53* 遺伝子と *BRCA1*/*BRCA2* 遺伝子をあげる．

*TP53* 遺伝子の産物である p53 タンパク質は，DNA の損傷や種々のストレスで誘導され，細胞周期の停止にはたらくとともに，*Bax*，*Fas* など細胞死を誘導する遺伝子の転写を促進し，逆に *Bcl-2* などの細胞死を抑制する遺伝子の転写を抑制する．*TP53* 遺伝子はがん抑制遺伝子であり，体細胞において不活化された場合には，細胞のがん化が促進される．*TP53* 遺伝子は，がん症例の約半数において不活化されていることが知られる．

生殖細胞において 1 対の *TP53* 遺伝子のうちの片方だけが変異により不活化されている場合には，若年期に，もう片方の *TP53* 遺伝子も欠損した臓器において，軟部組織肉腫，骨肉腫，乳がん，脳腫瘍，副腎皮質がん，白血病などの多数のがんを発症するリスクを有する．この病態は Li-Fraumeni（リ・フラウメニ）症候群とよばれる．

*BRCA1*/*BRCA2* 遺伝子は，遺伝性乳がんや遺伝性卵巣がんの原因遺伝子であり，**相同組換え修復**において重要な役割を果たす．1 対の *BRCA1*/*BRCA2* 遺伝子が両方とも欠損あるいは不活化された細胞においては，相同組換え修復能が欠損するために，ゲノム不安定性が増し，がん化へとつながる．散発性のがん症例における *BRCA1*/*BRCA2* 遺伝子の不活性型変異の頻度は必ずしも多くはないことが報告されているが，遺伝子変異によらないメカニズムによっても *BRCA1*/*BRCA2* の不活化が起こり得ることが最近の研究で明らかになりつつある．*BRCA1*/*BRCA2* の機能を欠損したがんにおいては，相同組換え修復能の欠損を補うべく，別の DNA 修復経路である**一本鎖切断修復経路**が亢進していることが知られている．一方，*BRCA1*/*BRCA2* 欠損がんの患者の正常細胞では，1 対のうちの片方の *BRCA1*/*BRCA2* 遺伝子が残っているため，相同組換え修復能は保たれている．このような患者の正常細胞とがん細胞の DNA 修復能の違いを利用し，一本鎖切断修復経路の阻害剤である **PARP 阻害剤**を *BRCA1*/*BRCA2* 欠損がんの患者に投与し，**合成致死**（単独では致死性を示さないが複数の遺伝子が欠

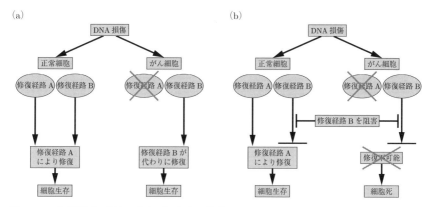

**図 3.46**　合成致死の概念にもとづいたがん治療

(a)　DNA 修復においては，特定の損傷に対して主としてはたらく修復経路が存在する一方で，それがうまくはたらかない場合には別の修復経路が補完するようにはたらく仕組みがあることが知られる．ここでは，ある DNA 損傷に対して主として機能する「修復経路 A」とそれを補完するはたらきのある「修復経路 B」が存在するものとする．ある患者において，正常細胞では両経路とも正常に機能するが，がん細胞では「修復経路 A」が機能せず，代わりに「修復経路 B」がそれを補完するようにはたらいている状態であるものとする．通常の状態では，DNA 損傷が加わったとしても，修復されるため，正常細胞もがん細胞も生き残る．

(b)　この患者において，「修復経路 B」を阻害すると，がん細胞では補完する経路がまったく存在しないために DNA 損傷は残ったままとなり，細胞死に至るが，正常細胞では「修復経路 A」が正常にはたらいているために DNA 損傷は修復され，細胞は生存することができる．この原理を利用すれば，単独の DNA 修復阻害剤の使用により，正常細胞に影響を与えずに，がん細胞のみを選択的に死滅させることができる．

N. Hosoya, K. Miyagawa : Cancer Sci. **105**(4)(2014)370.

損していると致死性を示す)を利用して，がん細胞のみを細胞死に導く治療が開発され，新しいがんの分子標的治療として着目されている[22](図 3.46)．

　がん細胞には，DNA の配列変化を伴わずに遺伝子のはたらきが変化するエピジェネティックな異常も蓄積していることも明らかになってきた．エピジェネティック異常は，がん遺伝子の発現の亢進やがん抑制遺伝子の発現低下などを引き起こし，広範な遺伝子制御を通して，がんの発生から進展に重要な影響を及ぼしていることが示唆される．エピジェネティック機構には，DNA メチル化，ヒストン修飾，さらにはクロマチンの構造変化や非翻訳 RNA などがあり，これら

が多彩なクロストークを介して遺伝子発現を調整しているものと考えられる．今後，がん細胞におけるエピジェネティクス制御機構のより深い理解が，がんの発生・進展の制御機構のさらなる解明につながることが期待される．

### 3.8.2  放射線による発がん

　1895年にRöntgen(レントゲン)によってX線が，1898年にCurie(キュリー)夫妻によってラジウムが発見され，それらの医療への応用が始まって間もなく，放射線による発がんが注目されるようになった．X線の発見から7年後の1902年には早くもX線管球の製作者にX線による皮膚がんの最初の症例が報告され，その後もX線技師や医師に発生した同様の症例報告が相次いだ．1911年には放射線科医とラジウム研究者に白血病の発生が報告され，1921年のX線ラジウム防護委員会(のちの**国際放射線防護委員会(ICRP)**)の設立につながった．その後，ヒトの放射線被ばくによる白血病発生リスクの増加は，不幸にも1945年の広島，長崎への原爆投下によってさらに実証されることになった(4.3節参照)．

　今日のような厳格な放射線防護対策が確立していなかった時代の不幸な事例として，1910年代の米国の夜光時計工場で文字盤塗装に従事していた女工たち(ダイヤルペインタ)に発生したラジウムの内部被ばくによる骨肉腫が知られている．ラジウムを含む夜光塗料を文字盤に塗布する筆の先を整えるために筆をなめたことでラジウムを経口的に摂取した結果と考えられる．1994年にまとめられた米国Argonne国立研究所の疫学調査によれば，追跡観察された6675名のラジウム摂取者および被投与者のうち，85名が骨肉腫，37名が頭蓋部のがんを発症し，ラジウム摂取から発症までの最短年数は5〜9年，最も頻度の高い年数は20〜24年，最長年数は60〜64年とのことである[23]．

　ほかにもヒトにおける放射線発がんの例として，ラジウム鉱山の鉱夫の肺がん，二酸化トリウム($ThO_2$)を主剤とする造影剤トロトラストを血管内投与された患者の肝がんや白血病，原爆被ばく後生存者におけるさまざまな固形がん(4.3節，4.4節参照)，チェルノブイリ原子力発電所事故で放出されたヨウ素131による小児甲状腺がんなどが知られている．

　高線量の放射線被ばくによってヒトにがんが誘発されることは明らかであるが，**低線量**の放射線被ばくにおいては必ずしも**明らかになっていない**．どのレベルの放射線が「低線量」なのか，明確な定義は定まっていないが，原子放射線の影

響に関する国連科学委員会(UNSCEAR)2000年報告書では200 mGy以下を低線量と定義している．一方，ICRPの2007年勧告(Publication 103)では一般人に対する緊急(事故)時の被ばく線量の「参考レベル」の最高値の範囲を20〜100 mSvとしている．すなわち，原爆被ばく後生存者を追跡観察した**寿命調査**(life span study：**LSS**)で統計的に有意な発がんリスクの増加が確認されておらず，確率的影響の有無やその大きさが議論の対象となる線量域として，**100〜200 mGy (mSv)以下**の線量を**低線量**とよぶことが妥当であろう．

がんは，ごく少数の小児がんを除けば基本的に中年期以降の疾患であり，年齢が高くなるほどがんの発症が増加する．高線量の放射線被ばくはその自然に生じているがんの発症頻度を高めるようにみえる．放射線発がんに関する動物実験では，特定のがんを発症しやすいさまざまな系統のマウスなどが使用される．そのような実験で生じるがんは，用いた系統の動物に自然に生じているものであり，自然には生じないようながんは放射線でも誘発できず，放射線でしか生じないようながんは存在しないと考えられている．放射線は，正常細胞を一足飛びにがん化させることはできず，3.8.1項で説明した多段階発がんのステップを一つ先に進める作用をして発がんの頻度を高めるようである．時間軸で比較すれば，放射線はその後のある年齢到達時における発がん頻度を高めるといえるが，むしろ発がん増加を前倒しすると表現したほうが正しいかもしれない[24, 25]．

高線量の放射線を受けた後にがん年齢に達したヒトでがん発症が増加する(増加が早まる)メカニズムとして，次の三つの可能性が考えられる．

第一に，放射線によって**組織幹細胞に生じた遺伝子変異**が，自然の多段階発がんのステップを一つ進めるというものがある．放射線によるDNA損傷によって，あるいはその修復ミスによって，DNA上の遺伝情報に不可逆的な変化，すなわち突然変異が生じる可能性がある(3.7節参照)．いくつかの突然変異が引き起こされる中で，がん遺伝子の活性化やがん抑制遺伝子の不活化が起こることによって発がんに至るプロセスを**多段階発がん**という(3.8.1項参照)．放射線による直接的な電離・励起がDNA損傷を誘導し，その損傷の一部が確率的に発がん性の突然変異として固定されるとすれば，突然変異頻度と発がん頻度は線量に比例して増加すると考えられる．低線量放射線による発がんリスクに関するICRPの**直線しきい値なし**(linear non-threshold：**LNT**)モデルは，この**仮定**にもとづいている[26]．しかし，LNTモデルは，**線量率**すなわち**時間の経過**を考慮していない．

　最近，放射線による変異細胞の生成とその排除の過程を定量的に理解するために，**線量率を考慮した数理モデル**（モグラ叩きモデル）が提案され，さまざまな動物発がん実験データの再現に成功するとともに，線量率があるレベル以下の被曝では**変異発生頻度**は累積線量には比例せず頭打ちになること，すなわち低線量率の長期連続被曝の影響は蓄積しないことなどを示唆し，注目されている[27-30].

　第二に，放射線によって体組織内に誘導された細胞死が，元からあった**潜在的ながん細胞に増殖の機会**を与える，すなわち，すでに発がん性突然変異をもっている細胞が体組織内で選択的に増殖してしまうことでがん化が引き起こされる可能性がある．放射線による発がんでも，化学物質による発がんでも，その標的は**組織幹細胞とプロジェニタ**（前駆細胞）であり，それらの増殖は**組織幹細胞ニッチェ**（幹細胞を保護し，分化能や自己複製能を維持するための微小環境）に依存して制御されている．過剰につくられた幹細胞はニッチェをめぐる厳しい**競合**（椅子とり競争）にさらされ，欠陥をもつ細胞は**排除**される．ここで，発がん性突然変異をもつ細胞や放射線損傷を受けた細胞が競合に弱いとすれば，競合が強い条件では発がんリスクは低下し，競合が弱い条件では発がんリスクは上昇することになる．

　動物実験や原爆被ばく後生存者における高線量放射線の発がんリスク（4.3節参照）が，胎児期と成年・成人期で低く，新生児から小児期の成長期で相対的に高くなることは，その時期にニッチェ数が急激に増加することにより幹細胞の競合が低下し，放射線損傷を受けた細胞が排除されにくくなっていた結果として説明できる．このメカニズムによる発がんの増加は，ごく低線量率の放射線被ばくで損傷細胞の産生速度を上回って損傷細胞が排除されるような条件では，ある程度までは線量が増加してもリスクは増加しない可能性がある．

　最近，自然に生じていた前がん細胞の腫瘍形成を放射線が組織障害や炎症反応を通じて手助けする，という新しい仮説が提唱され，注目されている[31]. 慢性炎症が発がんを促進することはよく知られている．この仮説のような放射線による**組織障害や炎症反応に起因する発がん増加**には，しきい線量の存在が示唆される．

　第三に，放射線によるストレスで免疫機能など個体レベルの**がん抑制機能が低下**することで発がんが増える可能性がある．個体レベルでは，次の3.9節で述べるように，比較的低線量の放射線を受けた細胞や個体が高線量の放射線に対する一時的な抵抗性を獲得する**放射線適応応答**や，ある線量域の放射線による免疫系

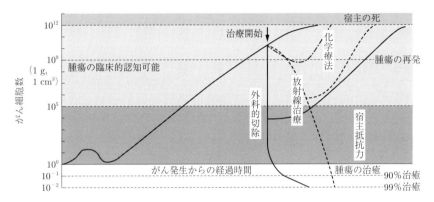

**図 3.47**　がんの自然史
1個のがん細胞が臨床的に認知できるサイズ，直径1 cm程度（約1 g，$10^9$個）の
がんになるまでに約30回の分裂が必要とされている．その間の過程はまったく
わかっておらず，まさにブラックボックスである．一直線に増殖するのではな
く，免疫系に排除されるなど一進一退の攻防を繰り返していると想像される．外
科的切除や放射線治療でがんを治療しても，がん細胞を1個残らず除去・殺滅で
きない限り必ず再発するはずであるが，現実にはそこまで細胞数を減らせなくて
も治癒する．すなわち，$10^5$個程度（図の網掛け部分）まで減らすことができれば
宿主の抵抗力によって抑え込めると考えなければ実際の良好な治療成績は説明で
きない．
三橋紀夫：『がんをどう考えるか──放射線治療医からの提言』（新潮社，2009）
p. 46，図 1-4

の活性化などの現象が知られている．これらの現象と発がんリスクとの関係は未
解明であり，現時点では放射線防護における低線量放射線リスクの評価の関連付
けることは時期尚早であるが，ある程度以上の高線量の放射線による過剰のスト
レス，たとえば活性酸素の産生などの酸化的ストレスの増加が免疫機能を低下さ
せる可能性はある．これは，上記の第一の可能性のところで紹介した，照射細胞
の炎症反応がサイトカインや活性酸素を介して二次的な発がんを誘発する可能性
とは別に，がん細胞の増殖を抑制する免疫機能の低下によって結果的にがん発症
が増加する可能性である．
　免疫機能は，図 3.47 の右下に示されている「宿主抵抗力」の本体であり，何ら
かの原因でがん化した1個のがん細胞が臨床的に認知可能なサイズのがん細胞集
団（$10^9$個）に成長するまでのブラックボックスの部分でその増殖を抑制するとと
もに，手術や放射線治療後に$10^5$個程度以下に減少した残存がん細胞の増殖を抑

制して再発を防いでいるのではないかと考えられる[32].

　低線量・低線量率の放射線でも，以上で仮定した三つのメカニズムで実際に発がんが増加するのだろうか．すでに述べたように，放射線による直接的な電離・励起で生じた DNA 損傷が確率的に発がん性の突然変異として固定されるという過程に関しては，低線量域においても線量に比例して発がんのリスクが存在する可能性がある．しかし，その他の発がん過程については，そのメカニズム上，「しきい線量」が存在する可能性もある.

　**がんは遺伝子の病気**であると同時に**細胞分化の制御システムの病気**であり，細胞集団・細胞社会の秩序の崩壊である．3.7 節，3.8.1 項で説明したような個々の細胞レベルの分子機序だけではなく，細胞集団全体への放射線影響として，さらには**さまざまなストレスの一つとしての放射線ストレス**に対する**細胞集団の応答**として，放射線による発がんという現象の全体像を理解する必要がある．それには，まず，細胞と細胞のコミュニケーション，細胞間情報伝達の分子機構の解明が鍵となる（3.9 節，3.10 節参照）．同時に，シグナル応答に関わる遺伝子の発現制御や DNA 修復タンパク質群などの振る舞いは，「センサータンパク質は常にDNA をモニターしており，損傷部位を認識した後，修復タンパク質が損傷部位にリクルートされ，損傷があることを確認し，……」というような擬人的な表現にとどまらず（タンパク質に目鼻が付いているわけでなし），物理法則に則った分子・原子の挙動として理解されなければならない.

　低線量放射線による発がんリスクの評価は，社会的に関心が高い問題であるが，**疫学的な方法による評価には限界**がある．一方，放射線の初期過程と放射線

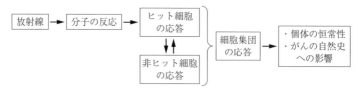

図 **3.48**　システム生物学の手法で統合的に捉え直す
　　　　放射線の物理過程と初期エネルギー付与（飛跡構造），初期化学活性種の量と空間分布，生体分子損傷の構造と空間分布，それに対する細胞の応答，ヒット細胞と非ヒット細胞との間での細胞間情報伝達，その結果となる細胞集団の応答，そして免疫系など個体の恒常性やがんの自然史への影響まで，放射線の生体影響は各階層の相互作用の全体として現われる.

化学的な生体分子の損傷，DNA損傷の修復機構や細胞死・突然変異・がん化などの細胞レベルの分子生物学的機構，次節で説明するバイスタンダー効果など細胞集団の応答や，腫瘍形成など組織・個体レベルに至る各階層の知見は個別に蓄積されつつある[25,33-39]．今後，このような階層構造をもつ個体を，各階層の相互関係によって全体の応答を生成する「システム（系）」として統合的に捉えて（図3.48），実験的な解析にもとづいて低線量・低線量率放射線に対する生体防御反応の誘導と発がんリスクを統一的に理解していくことが必要であろう．

　ミクロには非平衡だがマクロには安定な「システム」があるとして，ある細胞を構成する「システム」もあれば多数の細胞から成る「システム」もあり，放射線のエネルギーがその「システム」に揺らぎを与えるとどうなるか，というような新しい発想が必要なのかもしれない．

## 3.9　非標的影響

　放射線の電離・励起作用で生じたDNA損傷が原因となって，放射線のヒットを受けた細胞（標的細胞）の細胞死や突然変異誘発，がん化に至る直接の放射線影響の過程に対して，細胞内での情報伝達あるいは他の細胞への情報伝達を経て間接的に標的細胞自身あるいはその子孫細胞，さらには周囲の放射線が当たっていない細胞に引き起こされる放射線影響を**非標的影響**とよぶ．

　ここでは，放射線が当たっていない細胞に放射線影響が伝わる**バイスタンダー効果**，子孫細胞に遅延的な細胞死や突然変異をもたらす**ゲノム（遺伝的）不安定性**，あらかじめ低線量の放射線を受けた細胞や個体が高線量の放射線に対する一時的な抵抗性を獲得する**放射線適応応答**の三つを取り上げて解説する．近年，これらの現象を放射線ストレスに対する細胞集団全体のストレス応答として，とりわけ低線量/低線量率放射線に対する生体防御反応の誘導との関連で統一的に理解しようという機運が高まっている．

### 3.9.1　バイスタンダー効果

　近年，放射線がヒットした細胞の近くのヒットしていない細胞が，あたかもヒットしたかのような応答を示す現象が見出され，**バイスタンダー**（bystander）**効果**とよばれている．"bystander"とは周辺にいる傍観者の意である（図3.49）．

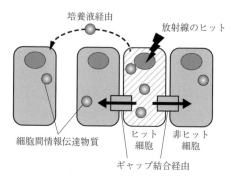

培養液経由

放射線のヒット

細胞間情報伝達物質

ヒット
細胞

非ヒット
細胞

ギャップ結合経由

**図 3.49**　バイスタンダー効果の伝達経路
　　　培養液を経由したバイスタンダー効果は共培養実験(図 3.50)で，ギャッ
　　　プ結合(ギャップジャンクション)経由のバイスタンダー効果はマイクロ
　　　ビーム細胞準標照射実験(図 3.51)で確認できる．細胞間情報伝達物質と
　　　してはたらくシグナル分子には,活性酸素種,活性窒素種,サイトカインな
　　　どさまざまな因子の存在が考えられている.
　　　池田裕子氏(近畿大学理工学部)作図.


　バイスタンダー効果によって非照射細胞に引き起こされることが見出された放
射線影響は，細胞死，染色体異常，突然変異，細胞のがん化，増殖促進，分化誘
導，放射線抵抗性の獲得など多岐にわたる．細胞死の誘導のように，その細胞自
身にとっては放射線傷害の増幅，拡散とみなせる現象であっても，将来のがん化
の可能性のある細胞を除去することによって組織レベル・個体レベルでは防御的
にはたらくという側面もある.

　放射線誘発バイスタンダー効果の最初の報告は，1992 年の長澤と Little(リト
ル)によるもので，マクロな平均線量として 4.9 mGy 以下に相当する $\alpha$ 線を照射
した細胞集団で，$\alpha$ 粒子がヒットした細胞が全細胞の 1% 以下であるにもかかわ
らず，その細胞集団の 30% 以上に姉妹染色分体交換(sister-chromatid ex-
changes:SCE)が生じること，すなわち，$\alpha$ 粒子がヒットしていない細胞にもバ
イスタンダー効果によって DNA 損傷が誘発されることを示した[40]．この現象
は活性酸素分解酵素スーパーオキシドジスムターゼ(superoxide dismutase:
SOD)の存在によって抑制されることから，何らかの活性酸素種の関与が予想さ
れた.

　この報告につづいて，突然変異誘発やアポトーシスなどさまざまな生物学的帰

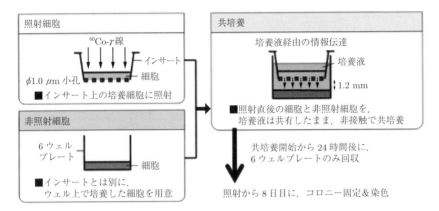

**図 3.50**　共培養実験の例
上側の容器(インサート)底面の多孔膜上に培養した細胞のみを照射し，下側の容器(6 ウェルプレート)に培養した非照射細胞へのバイスタンダー効果を検出する．多孔膜(メンブランフィルタ)は，培養液や細胞から分泌された分子は通すが細胞は通さない．
池田裕子氏(近畿大学理工学部)作図．

結を指標として，照射細胞が浸っていた培養液を回収して非照射細胞の培養液に添加する**培地交換実験**，培養液と細胞が放出した可溶性因子は通過できるが細胞は通過できない多孔膜で照射細胞と非照射細胞を隔てて一定時間培養する**共培養実験**(図 3.50)，細胞集団の中の特定の細胞だけをマイクロビームで狙い撃ちする**マイクロビーム細胞照準照射実験**(図 3.51)など，数多くの実験が行われ，α 線のみならず X 線，γ 線，陽子線，重粒子線によっても同様の放射線誘発バイスタンダー効果が確認されている[41,42]．ただし，バイスタンダー効果を誘導するために必要な放射線量やその線質依存性についてはさまざまな報告があり，統一的な結論はまだ得られていない．

　バイスタンダー効果が誘導される分子機構の詳細はまだ不明であるが，放射線の電離・励起作用で生じた何らかの生体成分の物理・化学的変化(DNA 損傷に伴うクロマチン構造の変化や細胞膜のリン脂質の酸化などが考えられる)を発端とする細胞内情報伝達経路を経て，「放射線のヒットに気づいた」細胞が，遺伝子発現・タンパク質合成などの能動的な過程を経て何らかの細胞間情報伝達物質を分泌し，それが可溶性因子として培養液中を拡散することによって，あるいは隣接細胞間をつなぐ微小なトンネル(**ギャップ結合**)を介して他の細胞に流入するこ

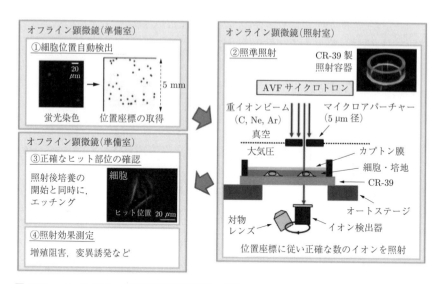

**図 3.51**　マイクロビーム細胞照準照射実験の手順
　　　　量子科学技術研究機構高崎量子応用研究所 TIARA の重イオンマイクロビーム細
　　　　胞照射装置の例．標的細胞を貫通したイオンのエネルギーと個数をプラスチック
　　　　シンチレータとフォトマルで検出する．イオン飛跡検出用プラスチック CR-39
　　　　上に細胞を培養することで，必要に応じて実際のイオンヒット位置を確認するこ
　　　　とができる．必要に応じて照射後に細胞を培養しながら DNA 損傷部位に修復タ
　　　　ンパク質群が集合する様子を経時的に観察することもできる．
　　　　小林泰彦，舟山知夫，浜田信行ほか：放射線生物研究 **43**(2)(2008)150.

とによって，周囲の非照射細胞(バイスタンダー細胞)にシグナルを伝達し，二次
的な応答を引き起こすと考えられている(図 3.49)．
　細胞から細胞に伝わるシグナル分子やその伝達経路は一つとは限らないことが
示唆されているが，少なくとも照射細胞で合成された内因性の活性窒素種である
**一酸化窒素**(nitric oxide：**NO**)が関与することが明らかとなっている[43]．NO は
免疫応答，神経情報伝達，血管拡張などにおける重要な調節因子であり，生体内
で 3 種類の **NO 合成酵素**(nitric oxide synthase：**NOS**)によって産生される．そ
の一つである誘導型 NOS(iNOS)は，サイトカインや熱ショックなどの刺激に
よって誘導され，いったん誘導されると高濃度の NO を産生しつづける．産生
された NO は熱ショックタンパク質や p53 タンパク質を誘導し，生体のストレ
ス応答に関与するとともに，高濃度の NO およびその反応産物は DNA 損傷と突

然変異を誘発する一方で，活性酸素を捕捉し生体に無害な硝酸塩に変換する．

　バイスタンダー効果の誘導過程を再び擬人化して例えれば，どのようにして細胞が放射線のヒットに気づくか，何がバイスタンダーシグナル発信の最初のトリガーなのか，そのシグナルの実体と発信に至るまでの要件は何か，バイスタンダーシグナルを受ける細胞に特定の受容体は必要なのか，シグナルを受信したバイスタンダー細胞がさらにシグナルを周囲に発信し，バイスタンダー応答を増幅することはあるのかなどが主な不明点である．特に，遺伝的背景や培養条件，細胞周期などがそろっている同一細胞集団に対してバイスタンダーシグナルが発信された場合でも，そして照射細胞に与える線量や照射細胞の割合を変えて，系内に分泌されるシグナル量を変えても，しばしば一定の割合（たとえば約10%）の非照射細胞だけがバイスタンダー応答を示すことが報告されており，いったい何がバイスタンダーシグナルの受信能力を支配しているのか興味深い．

　バイスタンダー効果と類似の現象に**遠達効果（アブスコパル効果）**がある．これは，放射線がん治療などにおいて，照射部位以外にも照射の影響が顕著に現れる現象（複数のがんの一部を，たとえば左肺のがんを照射治療したところ未照射の右肺のがんも縮小・消失した，など）であり，従来は全身の免疫作用の亢進などとして説明されてきた．バイスタンダー効果は狭義には一定の照射エリア内でヒット細胞と非ヒット細胞が混在する場合にヒット細胞から非ヒット細胞に放射線影響が伝わる現象を指し，いまのところアブスコパル効果とは区別されているが，これらの分子機構には共通点があるかもしれない．

　一方，後述するゲノム（遺伝的）不安定性，すなわち照射後に細胞死を免れた細胞が何回かの一見正常に見える細胞分裂を経てから遅延的に異常をきたす現象や，放射線適応応答，すなわちあらかじめ低線量の放射線を照射しておくとその後の高線量の照射に対して抵抗性となる現象にも，バイスタンダー効果の関与が明らかとなりつつある．

## 3.9.2　ゲノム（遺伝的）不安定性

　**ゲノム（遺伝的）不安定性**とは，ゲノムを維持する（DNAを正確に複製し保持する）能力が低下し，遺伝子の安定性が損なわれた状態である．その結果DNAの塩基配列レベルの突然変異や染色体異常が増加する．最近，さまざまなストレスが組織や細胞にゲノム不安定性を誘導することがわかってきた．ストレスの代

表が放射線であるが，放射線を受けたことによって細胞に生じた初期の DNA 損傷が修復され，さらに何回かの細胞分裂を経た後の子孫細胞において，ゲノム（遺伝的）不安定性が誘導され，生き残った子孫細胞集団の一部に遺伝子突然変異や染色体異常などが高い頻度で生じつづけることがある．

　放射線によるゲノム不安定性の誘導は，遅延性の突然変異誘発ともいえる．それは，照射された細胞の子孫細胞の遺伝子すなわち DNA 損傷を受けていない部位に生じる突然変異であり，直接の照射細胞から持ち越された何らかの放射線影響が残存していることによって起こる非標的影響である．すなわち細胞が放射線を受けたことを何らかの仕組みで記憶していることになる．その「持ち越された何らかの放射線影響」については，DNA と核タンパク質から成るクロマチンの高次構造自体の変化あるいは脆弱化ではないか，あるいはクロマチン構造の安定化に関与するタンパク質群に問題が生じているのではないか，などと考えられているが，詳細は不明である．また，このゲノム不安定性の誘導と低線量放射線による発がんリスクとの関係も不明である．

　しかし，放射線誘発ゲノム不安定性で誘導される細胞の形質変化は，細胞死の促進，染色体異常の促進，突然変異頻度の上昇，細胞がん化頻度の上昇など，バイスタンダー効果で誘導される現象と共通していることから，細胞内・細胞間情報伝達機構の活性化や細胞増殖因子の誘導，活性酸素種・活性窒素種の産生促進など，バイスタンダー効果と共通の分子機構が存在することが強く示唆される．

### 3.9.3　放射線適応応答

　放射線適応応答とは，あらかじめ低線量の放射線を照射しておくとその後の高線量の照射に対して抵抗性となる現象である．マウスなどの個体や培養細胞で，生存率や突然変異，染色体異常など，さまざまな指標で確認された．たとえば，ヒトリンパ球を濃度 0.37〜3.7 kBq/mL のトリチウム[³H]チミジン存在下で 48 時間培養して DNA を標識したのちに，1.5 Gy の X 線を照射した場合の染色体異常の出現頻度が（あらかじめの低線量 β 線被ばくによって）事前照射なしの対照細胞よりも低下する現象（Olivieri ら，1984）[44]，マウスを 0.05〜0.5 Gy の X 線で事前照射することで 2 週間後の致死線量（7〜8 Gy）の照射による致死効果が劇的に軽減する現象（Yonezawa ら，1996）[45]などである．

　適応応答が誘導されるために必要な条件：**事前照射の線量**（poriming dose）や，

その後の高線量の**試験照射の線量**(challenge dose)，**事前照射から試験照射まで
の時間**(interval time)などがクリティカルであることが本現象の観察を困難にし
ている．放射線抵抗性の獲得にはある程度の時間を要し，かつ一時的で永続性が
ない．適応応答を効率良く誘導する線量(poriming dose)は低 LET 放射線の場合
は概ね 10〜200 mGy であり，500 mGy 以上ではまったく誘導されない．また，
それらの線量だけでなく線量率も誘導効率を左右する[43]．

　放射線適応応答の分子機構は未解明であるが，照射細胞で合成された内因性の
NO などの活性窒素種が関与し，それらによって誘発された DNA 損傷が放射線
に対する抵抗性を誘導する，あるいは誘導の促進に必要な調節タンパク質群の遺
伝子発現を誘導すると考えられている．直接照射された細胞のみならず周囲の非
照射細胞においてもバイスタンダー効果によって放射線適応応答が誘導されるこ
とから，これらの両者の分子機構の関連性が強く示唆されている．

## 3.10　細胞レベルの放射線応答から個体レベルの放射線影響へ

　生体への放射線作用・影響が観察され，実際に放射線殺菌や突然変異育種，が
ん治療などに利用されている．おおよそ 0.1 Gy〜100 kGy の線量域では，生体組
織や細胞のスケールではほぼ均一にヒットしているのに対し，生体分子のスケー
ルでは放射線は生体を構成する物質を透過しながらごくまばらにヒットしてい
る．この**極めて離散的なエネルギー付与過程**が物質に対する放射線の作用を本質
的に特徴付けており，放射線の生物作用における線質効果も**微視的なエネルギー
付与分布の違い**に起因する．

　一方，それよりも低い線量域では，線量が低くなればなるほど細胞ごとのヒッ
ト数のばらつきが大きくなり，さらには細胞集団のごく一部しかヒットされてい
ないという状況になる．これは高 LET の重粒子線照射では想像しやすいが，γ
線のような低 LET の光子放射線においても同様のことが起こる．

　通常 0.1 Gy 以上の「高線量・高線量率」の放射線による照射実験で得られた細
胞レベルの放射線応答の知見を，このような低線量域での個体レベルの放射線影
響，特に発がんリスクの推定に役立てるためには何が必要であろうか．

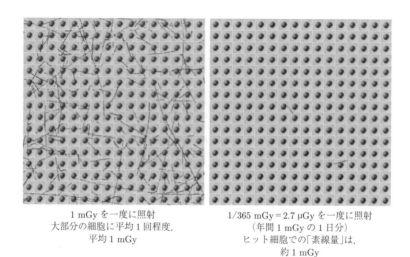

1 mGy を一度に照射
大部分の細胞に平均 1 回程度,
平均 1 mGy

1/365 mGy = 2.7 µGy を一度に照射
(年間 1 mGy の 1 日分)
ヒット細胞での「素線量」は,
約 1 mGy

図 **3.52**　低線量域放射線によるエネルギー付与分布の計算例
$^{137}$Cs-γ 線 (661.7 keV) による水中での微視的なトラック構造のモンテカルロシ
ミュレーションによる計算結果を単純な細胞モデル (256 cells (160 µm × 160
µm × 10 µm)) に重ねて表示. 線のように見えるのは二次電子のトラックの一部
で, 拡大すると nm オーダーの間隔で生じる電離・励起イベントの集合体である.
渡邊立子：放射線生物研究 **47**(4)(2012)335, 図 1 を改変

### 3.10.1　新たな線量概念の必要性

$^{137}$Cs-γ 線 (661.7 keV) による水中での微視的なトラック構造のモンテカルロシ
ミュレーションにより, コンプトン散乱で生じる二次電子のスペクトルを計算
し, 細胞として一辺 10 µm の立方体, 細胞核として直径 5 µm の球を配置し, 細
胞集団の系の中では二次電子平衡が成り立っているものとして計算すると (図
3.52), 全体のマクロな平均吸収線量が 1 mGy を下回るあたりからヒットしない
細胞が出現し, ヒット細胞の割合が線量とともに減少していく一方, ヒットした
細胞が受ける**素線量**(標的内の頻度平均線量：$z_F$) は 1 mGy が最低となってそれ
以下にはならない (図 3.53)[46].
　すなわち, 微視的な観点からは, 低線量域における線量依存性とは素線量を付
与される標的の数とその割合に対する依存性と置き換えられ, 線量率はヒットの

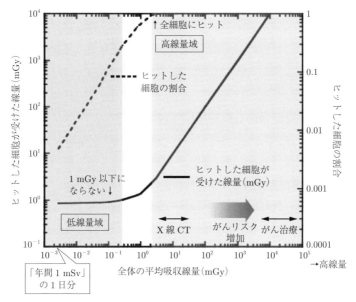

**図 3.53** 対象系内の平均吸収線量，ヒット細胞($\phi 8\,\mu m$ の標的)の割合およびヒット細胞における頻度平均線量($z_F$)の関係
ヒットした標的の割合（右縦軸）が 0.2 以下を低線量域，1 以上を高線量域として表示．この割合は放射線の線エネルギー付与(LET)と標的のサイズに依存する．
渡邊立子：放射線生物研究 **47**(4)(2012)335，図 3 を改変

時間間隔に置き換えられる．これが吸収線量の概念の基盤となっている高線量域における状況とは大きく異なることは明らかである．

　ヒット細胞の割合は放射線の LET 値と標的のサイズに依存するが，仮にヒットした標的の割合が 0.2 以下（図 3.52，図 3.53 では全体の平均吸収線量＜0.2 mGy）で細胞集団の一部しかヒットしていない状況を**低線量域**，すべての細胞にヒットしている状況（全体の平均吸収線量＞2 mGy 以上）を**高線量域**とよび，区別することができる．この例では，広島・長崎の LSS 集団の被ばく線量や X 線 CT などの診断線量は高線領域に属し，自然放射線や福島第一原子力発電所事故後の現存被ばく状況は低線量域に属する．

　高線量域に属し，かつ短時間の被ばくである LSS 集団におけるリスク係数を，X 線 CT などの放射線診断のリスクの推定に用いるのは合理的かもしれないが，

細胞集団のごく一部にしかヒットしない状況での長期間にわたる低線量率被ばくのリスクの推定にはどこまで合理性があるかという問題提起がある．このような「低線量域」における低線量・低線量率放射線のリスク推定に適用可能なまったく新しい線量概念が必要とされていることは間違いない．

### 3.10.2　細胞間情報伝達と細胞集団全体の応答

3.9節で解説したバイスタンダー効果，ゲノム(遺伝的)不安定性，放射線適応応答などの細胞レベルの非標的影響として明らかとなった現象は，低線量放射線の生物影響は高線量放射線の影響とは**質的に異なる**ことを示している．すなわち，放射線の影響は放射線がヒットしていない細胞にも及ぶとともに，高線量放射線の被ばく時にはその影響に覆い隠されて観察されなかった生体応答が，低線量放射線の被ばく時には顕在化して，**照射効果を左右する**ようになるという事実である．これらの知見は，(1)放射線がヒットした細胞のみが影響を受ける，(2)放射線の影響は線量に比例し，質的には同じであるから，低線量の影響は高線量の影響から類推できる，という従来の放射線生物学における常識あるいは暗黙の前提を覆す**パラダイム転換**といえよう．さらに，最近の研究によって，これらの非標的影響は，NOなどのシグナル分子が関与する細胞内・細胞間情報伝達を介した細胞集団全体のストレス応答として統一的に理解されなければならないことが明らかとなってきた．

非照射細胞にも放射線影響を拡散するバイスタンダー効果によって，低線量域での発がんリスクが増幅される可能性がある一方，将来のがん化の可能性が高まった細胞群をバイスタンダー効果によってあらかじめ致死させることで発がんリスクを低減する方向にはたらく可能性も考えられる．したがって，バイスタンダー応答に必要な最小線量すなわちしきい線量はあるか，放射線質が異なると影響も異なるか，そもそも培養細胞系を用いた実験で観察されるバイスタンダー効果が実際にヒトの体内でも起こっているのか，などが今後の問題となる．

これまでに報告された培養細胞系を用いた多くの実験では，X線やγ線によるバイスタンダー効果が誘発されるのは概ね0.1 Gy以上の線量域である[47]．$^{137}$Cs-γ線のCompton散乱による二次電子が細胞核に与える素線量は計算上は図3.52，図3.53に示すように約1 mGyと推定されるので，自然放射線レベルからその100倍程度までの線量率での光子放射線のリスクに関してはバイスタンダー効果

は特に影響を与えないかもしれない．一方，高 LET の重粒子線では 1 ヒットで
も十分に誘発されることが報告されており[42]，炭素線がん治療における照射野
外での高 LET 放射線被ばくや銀河宇宙線被ばくのリスクは無視できない可能性
がある．

　細胞集団全体のストレス応答の理解は，組織・臓器レベル，そして個体レベル
のストレス応答の理解につながり，その一環としての低線量放射線影響の解明に
つながる．将来，これらの細胞応答の分子機構の解明によって，個体レベルの多
面的な放射線影響の全容が明快に説明されるようになると期待したい．そして，
ヒト集団の疫学調査や動物実験による検証が困難な低線量・低線量率放射線の生
物作用（影響と効果）に関し，たとえば ICRP の**発がんリスクモデル**（しきい値が
なく，直線的に線量に比例してリスクが増加すると仮定する LNT モデル）や**放
射線ホルミシス効果**（大量であれば人体に有害な放射線を微量受けることで生体
機能が亢進し，有益な効果をもたらす場合があるとの主張）などの妥当性につい
て，科学的根拠にもとづく統一的な理解が得られ，**より適切な放射線防護体系**と
放射線管理基準に活かせる日が来るかもしれない[23]．

# 4 個体レベルと臓器・組織レベルでの放射線影響

## 4.1 放射線による人体影響の分類

　放射線の人体影響は，大きく分けて，放射線を受けた本人に出る影響(**身体的影響**)と子どもや孫など子孫に出る影響(**遺伝性影響**)の二つに整理できる(表4.1).

　また，それとは別に，被ばくしてから症状が出るまでの時間による分類もある．この場合，被ばく後，比較的早く症状がでる**急性影響**(**早期影響**)と，数か月後以降に現れる**晩発影響**に大きく整理することができる．

　さらに，もう一つの方法として，放射線の影響が生じるメカニズムの違いによる分類がある．確定的な影響と確率的な影響の二つに分けて考える方法で，図4.1は，この**確定的影響**と**確率的影響**を整理したものである．

表 **4.1**　放射線による人体影響の分類

| 影響の出現 | 潜伏期間 | 例 | 線量反応関係[2] |
|---|---|---|---|
| 身体的影響 | 数週間以内<br>＝急性影響(早期影響) | 急性放射線症[1]<br>急性皮膚障害 | 細胞死/細胞変性で起こる確定的影響 |
| | 数か月以降＝晩発影響 | 胎児の発生・発達異常(奇形)<br>水晶体の混濁 | |
| 遺伝性影響 | | がん・白血病<br>遺伝性疾患 | 突然変異で起こる確率的影響 |

＊1　主な症状としては，被ばく後数時間以内に認められる嘔吐，数日から数週間にかけて生じる下痢，血液細胞数の減少，出血，脱毛，男性の一過性不妊症等．

＊2　一定量以上の被ばくがないと発生しない．

環境省：『放射線による健康影響等に関する統一的な基礎資料　平成27年7月(第3版)』，「第1章　放射線の基礎知識と健康影響」(2015).

---

4.1〜4.4節，4.6節については，環境省放射線健康管理担当参事官室より許可を得て，環境省：『放射線による健康影響等に関する統一的な基礎資料　平成27年7月(第3版)』(2015)を転載・一部改変.

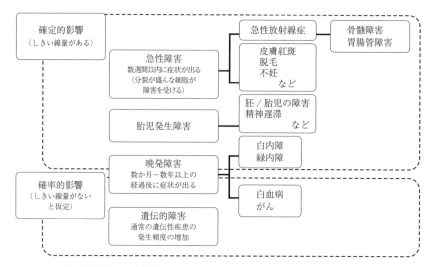

**図 4.1** 確定的影響と確率的影響の分類
　環境省:『放射線による健康影響等に関する統一的な基礎資料　平成 27 年 7 月
　(第 3 版)』,「第 1 章　放射線の基礎知識と健康影響」(2015).

　**確定的影響**は,臓器や組織を構成する細胞が多数死亡したり,変性したりする
ことで起こる症状である.たとえば,比較的多量の放射線を受けると,数週間以
内に皮膚障害を起こしたり,造血能低下により血球の数が減少したりすることが
ある(**急性放射線症**).また妊娠中に大量の放射線を受けると胎児に影響が出た
り,眼に当たると,しばらくしてから白内障になることがある.確定的影響は一
定以上の線量を被ばくしない限り発生することはない.つまり,確定的影響の特
徴は,これ以下なら影響が生じない,これ以上なら影響が生じるという**しきい線
量**が存在するということになる.
　一方,がんや遺伝性影響といった障害は**確率的影響**とよばれ,細胞の遺伝子が
変異することで起こる影響である.放射線は DNA を傷つけ,その結果,突然変
異が起きることがある.個々の突然変異が病気につながる可能性は低いものの,
理論的にはがんや遺伝性影響の原因となる可能性がまったくないとはいえない.
そこで,がんや遺伝性影響には,しきい線量はないと仮定されている.
　100 mSv 以下の低線量域については,放射線被ばくによる確率的影響を疫学的
に検出することは極めて難しい(詳細な解説は 4.6 節参照).国際放射線防護委員

会(ICRP)は，そのような状況を認識したうえで，低線量域でも線量に依存して
影響(直線的な線量反応)があると仮定している．確率的影響では，低い線量でも
発生の可能性がゼロではないと考え，被ばく線量に比例してリスクが増加し，が
んや白血病，遺伝性疾患がこの影響に該当するものとして，放射線防護の基準を
定めているのである．ただし，ヒトでは，実験動物の結果と同じような頻度で，
放射線による遺伝性疾患が出現することは確認されてはいない．

## 4.2　急性障害と胎児発生障害(確定的影響)

### 4.2.1　急　性　障　害

　しきい線量は影響が現れる最低の線量を指すが，放射線防護上は被ばくを受け
た人の1〜5% に影響が現れる線量とされている．しきい線量を超えて放射線被
ばくを受けると影響が現れ始め，さらに大きな線量を被ばくした場合には影響の

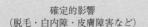
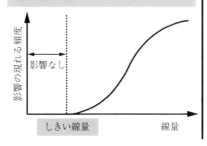
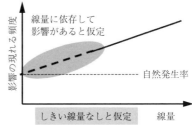

図 4.2　確定的影響と確率的影響の特徴
　　　　環境省：『放射線による健康影響等に関する統一的な基礎資料　平成 27 年 7 月
　　　　(第 3 版)』,「第 1 章　放射線の基礎知識と健康影響」(2015).

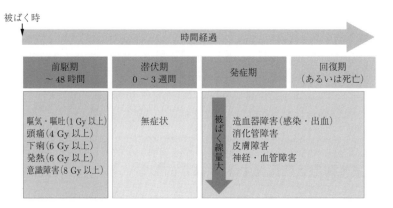

**図 4.3**　急性放射線症の病期
　　　　　（公財）原子力安全研究協会：『放射線の基礎知識』（緊急被ばく医療研修テキスト）.

重篤度が増大する．確定的影響では，臓器・組織のある割合の細胞に細胞死が起きたところで影響が現れ（**しきい線量**），さらに大きな線量を被ばくすると，細胞死を起こす細胞数が増加して症状は重くなる（図 4.2）．そのため曲線は単調増加の傾向を示す．

　全身に 1 Gy（1000 mGy）以上の放射線を一度に受けた場合，さまざまな臓器・組織に障害が生じ，複雑な臨床経過をたどることになる．この一連の臓器障害を，**急性放射線症**とよぶ．この時間経過をみると，典型的には，前駆期，潜伏期，発症期の経過をたどり，その後，回復するか死亡することになる（図 4.3）．

　被ばく後 48 時間以内にみられる前駆症状により，おおよその被ばく量を推定することができる．1 Gy 以上被ばくした場合は，食欲不振，悪心，嘔吐など，4 Gy 以上被ばくした場合は頭痛など，6 Gy 以上被ばくした場合は下痢や発熱などの症状が現れることがある．

　その後，潜伏期を経て，発症期に入ると，線量増加とともに造血器障害，消化管障害，神経血管障害の順で障害が現れる．これらの障害は，放射線感受性の高い臓器や組織を中心に現れる．概して線量が多いほど潜伏期は短くなる．

　皮膚は大人の体で 1.3〜1.8 m² とかなり大きな面積をもつ組織である．被ばく直後に初期皮膚紅斑が現れることもあるが，一般に皮膚障害は，被ばく後 2〜3 週間経ってから現れる．

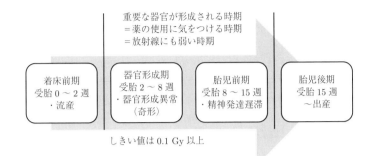

重要な器官が形成される時期
＝薬の使用に気をつける時期
＝放射線にも弱い時期

| 着床前期<br>受胎 0 〜 2 週<br>・流産 | 器官形成期<br>受胎 2 〜 8 週<br>・器官形成異常<br>（奇形） | 胎児前期<br>受胎 8 〜 15 週<br>・精神発達遅滞 | 胎児後期<br>受胎 15 週<br>〜出産 |

しきい値は 0.1 Gy 以上

図 **4.4**　胎児発生障害時期特異性の概要
環境省:『放射線による健康影響等に関する統一的な基礎資料　平成 27 年 7 月
（第 3 版）』,「第 1 章　放射線の基礎知識と健康影響」(2015).

## 4.2.2　胎児発生障害

　確定的影響の中でも，しきい値の低いものの一つに胎児影響がある．妊婦が被
ばくした場合，子宮内を放射線が通過したり，放射性物質が子宮内に移行したり
すれば，胎児も被ばくする可能性がある(図 4.4)．

　胎児期は放射線感受性が高く，また影響の出方に時期特異性があることがわ
かっている．また，妊娠のごく初期(着床前期)に被ばくすると，流産が起こるこ
とがある．

　この時期を過ぎてからの被ばくでは，流産の可能性は低くなるが，胎児の体が
形成される時期(器官形成期)に被ばくすると，器官形成異常(奇形)が起こること
がある．さらに，大脳が活発に発育している時期(胎児前期)に被ばくすると，精
神発達遅滞の危険性がある．

　放射線への感受性が高い時期は，妊婦が薬をむやみに服用しないようにと指導
されている時期と一致している．安定期に入るまでのこの時期は，薬同様，放射
線の影響も受けやすい時期になることがわかっている．こうした胎児への影響は
0.1 Gy 以上の被ばくで起こるとされている．このことから，国際放射線防護委員
会(ICRP)は，2007 年の勧告の中で「胚/胎児への 0.1 Gy 未満の吸収線量は妊娠中
絶の理由と考えるべきではない」という考え方を示した．これは γ 線や X 線を一
度に 100 mSv 受けた場合に相当する．ここで，胎児の被ばく線量は母体の被ば
く線量と必ずしも同じではない点に留意すべきである．

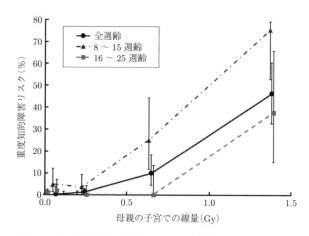

図 **4.5** 子宮での線量と重度知的障害のリスクの関係
（公財）放射線影響研究所ホームページより作成，http://www.rerf.or.jp/

　被ばく線量に応じて，この確定的な影響のみならず，がんや遺伝性影響といっ
た確率的影響のリスクも高まることになる．

　胎児影響の時期特異性については，原爆により胎内被ばくした集団の健康調査
で明らかになった．図 4.5 は，原爆投下時の胎齢と精神発達への影響との関係を
調べたグラフである．原爆被ばく時の胎齢が 8〜15 週齢の場合，放射線感受性が
高く，子宮内での線量が 0.1〜0.2 Gy の間にしきい値があるようにみえる．これ
以上の線量域では，線量の増加に応じて重度知的障害の発生率が上がっているこ
とがわかる．

　しかし 16〜25 週齢だった子どもたちは，0.5 Gy ほど被ばくした場合でも重度
な知的障害はみられず，1 Gy を超えるような被ばくでは，かなりの頻度で障害
が発生することがわかった．つまり，同じ量の被ばくをしても，8〜15 週齢で被
ばくした場合と，16〜25 週齢の被ばくでは，障害の発生率が異なっている．


## 4.3　晩発障害と遺伝的障害（確率的影響）

### 4.3.1　晩　発　障　害

　確率的影響は突然変異にもとづく影響である．線量が増加すると突然変異が起

こる確率が増加し，確率的影響の発生頻度が増加する．確率的影響に分類される
影響は白血病とがん，遺伝的障害である．一方，影響の重篤度は線量の大きさに
よらず一定である．これは，小線量の被ばくによるたった一つの突然変異が原因
で致死がんになった場合も，大線量の被ばくにより多数の突然変異が生じ致死が
んになった場合も，死亡という重篤度の大きさは変わらないという例から理解す
ることができる．

　原爆被ばく者における甲状腺がんの発症についてオッズ比（ある事象の起こり
やすさを二つの集団で比較したときの統計学的な尺度）をみてみると，線量が高
くなるほど，甲状腺がんのリスクも高くなることが示されている（図4.6）．甲状
腺微小がんに限った調査では，有意ではないが，甲状腺の等価線量で100 mSv
まではオッズ比が低く，100 mSvを超えるとオッズ比は高くなる傾向も示されて
いる．

　確率的影響では，同じように放射線を受けた集団の中でも，疾患になる人とな
らない人が出てくることになり，しかも誰がなるかという予想はできない．その
ため，がんや遺伝的障害の危険性は，何人中何人が病気になるかという確率で表
現されることになる．

　図4.7に示す原爆被ばく者における白血病の過剰症例数の結果から，白血病の
線量反応関係は二次関数的であり，低線量では，単純な線形線量反応で予測され

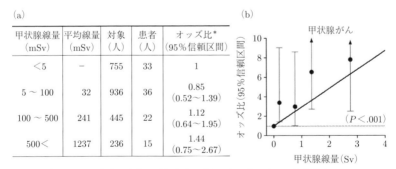

＊　オッズ比が1より大きいとき，対象とする事象が起こりやすいことを示す

図 4.6　原爆被ばく者における甲状腺線量と甲状腺がんの発症
(a)　Y. Hayashi, *et al.*, Cancer, **116**, (2010) 1646, (b)　（公財）放射線影響研究所，JAMA
2006；**295**(9)：1011-1022.

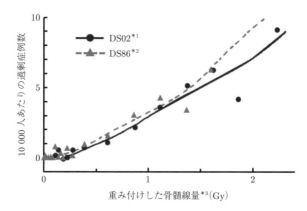

* 1  放射線影響研究所が 1986 年に確立した，原爆被爆者の被ばく
      線量推定方式
* 2  2002 年に新しく確立した線量推定方式
* 3  白血病の場合，重み付けした骨髄線量（中性子線量を 10 倍した
      ものと γ 線量の和）を使用

図 **4.7**  広島・長崎原爆被ばく者における白血病の線量反応
DS02 と DS86 による白血病のノンパラメトリックな線量反応（1950～2000 年）.
D.L. Preston, *et al.*：Radiat. Res. **162**（2004）377 より作成.


るよりもリスクは低くなっている．しかし，0.2～0.5 Gy の低い線量の範囲でも
白血病リスクの上昇が認められている．

　国連科学委員会（UNSCEAR）の報告[13]によれば，原爆被ばく者における白血
病の相対リスク（被ばくしていない人を 1 としたとき，被ばくした人のリスクが
何倍になるかを表したもの）は，0.2 Sv 以下の線量域では，白血病のリスクの増
加は顕著ではないが，0.4 Sv 近くの群では顕著な増加が認められている（図 4.8）.

　表 4.2 は原爆被ばく者のがん発症の相対リスクを，男女別，被ばく時年齢別で
表したものである．0～9 歳の男児では，5～500 mSv 被ばくした場合のがんリス
クは，被ばくしていない集団の 0.96 倍となっており，被ばくしていない集団と
差がみられないが，500～1000 mSv の被ばくでは 1.1 倍，1000～4000 mSv では
3.8 倍と，線量が増加すると相対リスクも増えている．女性でも同じ傾向が確認
できる．一方，50 歳以上では，5～500 mSv では相対リスクが 1 に近く，線量が
増えるにつれてがんリスクが増えるが，その増え方は，0～9 歳ほど顕著ではな
い．年齢による差は 1000～4000 mSv の被ばくで顕著で，0～9 歳の相対リスクは

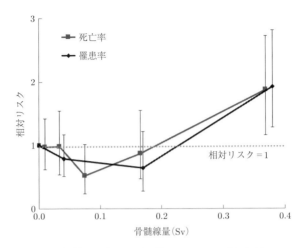

図 4.8 原爆被ばく者における発がんのリスク(白血病)
国連科学委員会(UNSCEAR)2006 年報告書より作成.

表 4.2 原爆被ばく者の被ばく時年齢別相対リスク

| 年齢 | 男性(mSv) | | | 女性(mSv) | | |
|---|---|---|---|---|---|---|
| | 5~500 | 500~1000 | 1000~4000 | 5~500 | 500~1000 | 1000~4000 |
| 0~9 歳 | 0.96 | 1.10 | 3.80 | 1.12 | 2.87 | 4.46 |
| 10~19 歳 | 1.14 | 1.48 | 2.07 | 1.01 | 1.61 | 2.91 |
| 20~29 歳 | 0.91 | 1.57 | 1.37 | 1.15 | 1.32 | 2.30 |
| 30~39 歳 | 1.00 | 1.14 | 1.31 | 1.14 | 1.21 | 1.84 |
| 40~49 歳 | 0.99 | 1.21 | 1.20 | 1.05 | 1.35 | 1.56 |
| 50 歳以上 | 1.08 | 1.17 | 1.33 | 1.18 | 1.68 | 2.03 |

D.L. Preston, *et al.*, Radiat. Res. **168**(2007)1.

3.80(男性)あるいは 4.46(女性)であり,20 歳以上の相対リスクの 2~3 倍になっている.

　このように高線量域では,子どもは大人より放射線感受性が高いことが明らかであるが,低線量域については,リスクの変化があったとしても小さすぎて疫学的に検出できないため,現在のところ,科学的知見は十分ではないと結論されている.この状況を認識したうえで,放射線防護の観点からは,どの線量域でも,

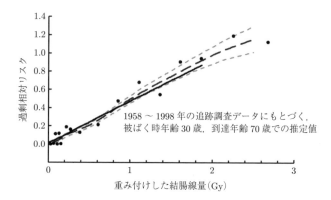

図 **4.9**　広島・長崎原爆被ばく者における固形がんの線量反応
D.L. Preston, *et al.* : Radiat. Res. **168**(2007)1 より作成.

子どもは大人より 3 倍程度感受性が高いとみなすべきである，と一般的には考え
られている．

　図 4.9 は原爆被ばく者における固形がん発症の**過剰相対リスク**(被ばくしてい
ない集団に比べ，被ばくした集団ではどのくらいがん発症のリスクが増加したか
を示す値)を示した結果である．1958～1998 年の追跡調査データにもとづき，太
い実線は，被ばく時年齢 30 歳の人が 70 歳に達した場合として推定したときの男
女平均過剰相対リスクで，直線の線量反応を示している．なお太い破線は，被ば
くした線量区分別のリスクの代表値から推定した値であり，細い破線はこの推定
値の 1 標準誤差上下を示している．

　被ばくによる過剰相対リスクの大きさが被ばく年齢によって異なる例を表 4.3
に示す．たとえば 10 歳の男児は，被ばくしないときにはその後の生涯で 30% の
発がんの可能性があるが，100 mSv 被ばくした場合は発がんリスクが 2.1% 増加
し，32.1% になると推定されている．

　一方，50 歳の男性では，その後の生涯での発がんの可能性は 20% であるが，
100 mSv 被ばくした場合の発がんリスクは 0.3% 増加し，20.3% になると推定さ
れている．

　図 4.10 は，原爆被ばく者のデータから，がんの種類ごとの年齢による発がん
過剰相対リスクを示したものである．たとえば固形がん全体の 0～9 歳の過剰相
対リスクは 0.7 程度なので，1 Gy 受けた集団では，放射線に被ばくしていない集

表 **4.3**　広島・長崎の原爆生存者の調査結果
100 mSv での急性被ばくによる推定

| 被ばく時年齢 | 性 | 被ばくがないときの発がんリスク(A)(%) | 被ばくによる過剰な生涯リスク*(B)(%) | 被ばくがあるときの発がんリスク(A＋B)(%) |
|---|---|---|---|---|
| 10 歳 | 男 | 30 | 2.1 | 32.1 |
| | 女 | 20 | 2.2 | 22.2 |
| 30 歳 | 男 | 25 | 0.9 | 25.9 |
| | 女 | 19 | 1.1 | 20.1 |
| 50 歳 | 男 | 20 | 0.3 | 20.3 |
| | 女 | 16 | 0.4 | 16.4 |

\*　被ばくした集団と被ばくしていない集団における生涯の間にがんで死亡する確率の差.
　　10 歳の男児が, 被ばくしないときにはその後の生涯で 30% の発がんの可能性があるが, 100 mSv 被ばくすると, 被ばくにより 2.1% 増加し, 32.1% になると推定される.
D.L. Preston, *et al*., Radiat. Res. **160**(2003)381.

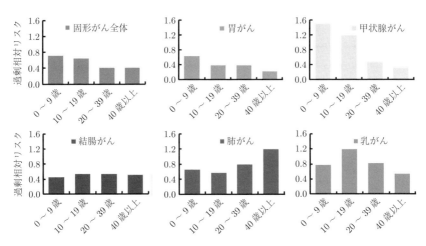

図 **4.10**　がんの種類ごとの年齢による発がん過剰リスク相対リスク
70 歳時点での 1 Gy あたりの発がん過剰相対リスク
D.L. Preston, *et al*.: Radiat. Res. **168**(2007)1 より作成.

団よりも過剰相対リスクが0.7増加することを意味している．つまり，放射線に
被ばくしていない集団のリスクが1なら，1 Gy被ばくした0〜9歳の集団のリス
クは1.7倍になることを意味している．20歳以上では，固形がん全体の過剰相対
リスクは0.4程度なので，1 Gy受けたときにはリスクが放射線に被ばくしていな
い集団の1.4倍になる．

　なお，図で示した過剰相対リスクは，70歳になったときにそれぞれの臓器の
被ばくによる発がんのリスクがどのようになるかを示したものである．

　リスク係数の値は，被ばく年齢やがんの種類によって変わる．被ばく時の年齢
が若いほどリスクが高いもの（甲状腺がん），40歳以上でリスクが高いもの（肺が
ん），思春期でリスクが高いもの（乳がん），年齢依存の顕著な差がないもの（結腸
がん）と，がんの種類によって放射線への感受性が高い時期が異なることが示唆
されている．

　大人の場合，骨髄，結腸，乳腺，肺，胃などの臓器は，放射線被ばくによって
がんが発症しやすい臓器であるが，子どもの場合は，甲状腺や皮膚も放射線被ば
くによるがんリスクが高いことがわかってきている．

　特に子どもの甲状腺は放射線に対する感受性が高いうえに，摂取放射能量
（Ba）あたりの預託実効線量が大人よりもはるかに大きいので，1歳児の甲状腺の
被ばく線量が，緊急時の防護策を考える基準に取り入れられている．また，表
4.4に示すように，摂取放射能量（Ba）あたりの預託実効線量係数は，大人よりも
はるかに大きい数値が採用されている．

表 4.4　ヨウ素131を摂取したときの甲状腺等価線量

|  | ヨウ素131の<br>預託実効線量係数[*1]<br>（μSv /Bq） | ヨウ素131を100 Bq<br>摂取したときの<br>預託実効線量（μSv） | ヨウ素131を100 Bq<br>摂取したときの<br>甲状腺等価線量[*2]（μSv） |
|---|---|---|---|
| 3か月児 | 0.48 | 48 | 1200 |
| 1歳児 | 0.18 | 18 | 450 |
| 5歳児 | 0.10 | 10 | 250 |
| 大人 | 0.022 | 2.2 | 55 |

＊1　代謝や体格の違いから，子どもは預託実効線量係数が高い
＊2　甲状腺の組織加重係数は0.04から算出
国際放射線防護委員会（ICRP）：ICRP Publication 119, Compendium of Dose Coefficients
based on ICRP Publication 60（2012）.

## 4.3.2　遺 伝 的 障 害

　動物実験では親に高線量の放射線を照射すると，子孫に出生時障害や染色体異常などが起こることがある．しかしヒトでは，両親の放射線被ばくが子孫の遺伝病を増加させるという直接の証拠は得られていない．図 4.11 に放射線による遺伝的障害に関する知見の整理をまとめる．国際放射線防護委員会(ICRP)は，1 Gy あたりの遺伝性影響のリスクは 0.2% と見積もっている．これはがんの死亡リスクの 20 分の 1 にも満たない値である．

　原爆被ばく者の二世では，死亡追跡調査，臨床健康診断調査やさまざまな分子レベルの調査が行われている．こうした調査結果が明らかになるにつれ，従来心配されていたほどには遺伝性影響のリスクは高くないことがわかってきたため，生殖腺の組織加重係数の値も，最近の勧告ではより小さい値に変更されている．

　原爆被ばく者二世の健康影響調査では，重い出生時障害，遺伝子の突然変異や染色体異常，がん発生率，がんやその他の疾患による死亡率などについて調べられているが，いずれについても対照群との差は認められていない．

　**安定型染色体異常**は細胞分裂で消失することがなく，子孫に伝わる形の染色体異常である．両親の少なくともどちらかが爆心地から 2000 m 以内で被ばく(推

■放射線による生殖腺(生殖細胞)への影響
　◎遺伝子突然変異
　　　DNA の遺伝情報の変化(点突然変異)
　◎染色体異常
　　　染色体の構造異常
　　　＊ヒトでは子孫の遺伝病の増加は証明されていない
■遺伝性影響のリスク(子と孫の世代まで)
　＝約 0.2%/Gy(1 Gy あたり 1000 人中 2 人)〔国際放射線防護委員会(ICRP)2007 年勧告〕
　この値は，以下でデータを用いて間接的に推定されている
　・ヒト集団での各遺伝性疾患の自然発生頻度
　・遺伝子の平均自然突然変異率(ヒト)，平均放射線誘発突然変異率(マウス)
　・マウスの放射線誘発突然変異からヒト誘発遺伝性疾患の潜在的リスクを外挿する補正係数
■生殖腺の組織加重係数　〔国際放射線防護委員会(ICRP)勧告〕
　　0.25(1977 年)→0.20(1990 年)→0.08(2007 年)

図 4.11　放射線による遺伝的障害に関する知見の整理
　　　　　環境省：『放射線による健康影響等に関する統一的な基礎資料　平成 27 年 7 月(第 3 版)』，「第 1 章　放射線の基礎知識と健康影響」(2015).

表 **4.5**  原爆被ばく者の子どもにおける安定型染色体異常

| 異常の起源 | 染色体異常をもった子どもの数(割合) | |
|---|---|---|
| | 対照群(7976 人) | 被ばく群(8322 人)<br>平均線量は 0.6 Gy |
| 両親のどちらかに由来 | 15(0.19%) | 10(0.12%) |
| 新たに生じた例 | 1(0.01%) | 1(0.01%) |
| 不明(両親の検査ができなかった) | 9(0.11%) | 7(0.08%) |
| 合計 | 25(0.31%) | 18(0.22%) |

(公財)放射線影響研究所ホームページ，http://www.rerf.or.jp/

定線量が 0.01 Gy 以上)した子ども(被ばく群)8322 人の調査では，安定型染色体異常をもつ子どもは 18 人であった．一方，両親とも爆心地から 2500 m 以遠で被ばく(推定線量 0.005 Gy 未満)したか，両親とも原爆時に市内にいなかった子ども(対照群)7976 人では，25 人に安定型染色体異常が認められた(表 4.5)．

　しかしその後の両親および兄弟姉妹の検査により，染色体異常の大半は新しく生じたものではなく，どちらかの親がもともと異常をもっていて，それが子どもに遺伝したものであることが明らかとなった．こうしたことから，親の被ばくにより，生殖細胞に新たに安定型染色体異常が生じ，二世に伝わるといった影響は，原爆被ばく者では認められないとされている．

## 4.4  臓器・組織の放射線感受性

　細胞や臓器・組織の種類によって放射線感受性は異なる．一般に，臓器・組織の放射線感受性は，その臓器・組織を構成している細胞の放射線感受性によって決まる．

### 4.4.1  確 定 的 影 響

　臓器・組織の確定的影響を考える場合に，① 臓器・組織がどのような構造をしていて放射線感受性の高い細胞がどこにあるか(臓器・組織の解剖)，② 放射線被ばくを受けた場合にどのような過程で影響が現れるか(影響の発生機序)，③ どのくらいの線量で影響が現れるか(しきい線量)の 3 点から整理すると理解しや

表 4.6　成人の臓器・組織の放射線感受性

| 感受性の程度 | 臓器・組織（成人）の例 |
|---|---|
| 最も高い | リンパ組織（胸腺，脾臓），骨髄，生殖腺（精巣，卵巣） |
| 高い | 小腸，皮膚，毛細血管，水晶体 |
| 中程度 | 肝臓，唾液腺 |
| 低い | 甲状腺，筋肉，結合組織 |
| 最も低い | 脳，骨，神経細胞 |

表 4.7　γ線急性吸収線量のしきい値

| 障害 | 臓器/組織 | 潜伏期 | しきい値（Gy）＊ |
|---|---|---|---|
| 一時的不妊 | 精巣 | 3〜9 週 | 約 0.1 |
| 永久不妊 | 精巣 | 3 週 | 約 6 |
|  | 卵巣 | 1 週間以内 | 約 3 |
| 造血能低下 | 骨髄 | 3〜7 日 | 約 0.5 |
| 皮膚発赤 | 皮膚（広い範囲） | 1〜4 週 | 3〜6 以下 |
| 皮膚熱傷 | 皮膚（広い範囲） | 2〜3 週 | 5〜10 |
| 一次的脱毛 | 皮膚 | 2〜3 週 | 約 4 |
| 白内障（視力低下） | 眼 | 数年 | 0.5 |

＊臨床的な異常が明らかな症状のしきい線量（1% の人々に影響を生じる線量）
ICRP 2007 年勧告，国際放射線防護委員会報告書 118（2012）.

すい．①と②については，3 章で解説されているので，ここでは③に着目する．
　臓器・組織の放射線感受性は，主にその臓器・組織を構成する細胞の放射線感受性によって決まると考えてよい．成人の臓器・組織として放射線感受性の概要を整理すると表 4.6 のように整理できる．最も感受性が高い臓器は精巣である．一度に 0.1 Gy（100 mGy）以上の γ 線などの放射線を受けると，精子数が一時的に減少する一時的不妊を引き起こすことがある．これは精巣にある精子をつくり出す細胞が損傷を受けたために起こる（表 4.7）．また骨髄が 0.5 Gy（500 mGy）以上の被ばくをすると，造血能が低下し，血液細胞の数が減少する．確定的影響の中には，白内障のように発症するまでに数年かかるものもある．なお，白内障のしきい値は 1.5 Gy とされてきたが，最近，国際放射線防護委員会（ICRP）はそれより低い 0.5 Gy 程度に見直し，これを受けて眼の水晶体に対する職業被ばくの新しい等価線量限度を設けている．

## 4.4.2　確率的影響

　図 4.12 は，原爆被ばく者を対象に，どれだけの線量をどこに受けるとがんの
リスクが増加するかを調べたものである．横軸は，原爆投下時の高線量率一回被
ばくによる臓器吸収線量で，縦軸は過剰相対リスクである．**過剰相対リスク**は，
被ばくしていない集団と比べて，被ばくした集団ではどのくらいがん発症のリス
クが相対的に増加したかを表している．たとえば，臓器吸収線量が 2 Gy の場合
は，皮膚がんの過剰相対リスクが 1.5 となっている．これは放射線を受けなかっ
た集団と比べて 1.5 倍のリスクが過剰に発症していることを意味している（つま
り，2 Gy 被ばくした集団では皮膚がんの発症リスクは，放射線を受けていない
集団（1 倍）の 2.5 倍（1＋1.5）となる）．
　こうした疫学研究の結果から，乳腺，皮膚，結腸などは，放射線によってがん
を引き起こしやすい組織・臓器であることが認知された．国際放射線防護委員会
（ICRP）の 2007 年勧告では，臓器の感受性やがんの致死性なども考慮し，組織加
重係数を決めている（「はじめに」表 3 参照）．

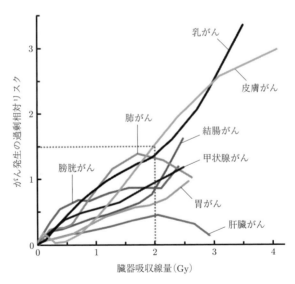

　図 **4.12**　原爆被ばく者における臓器吸収線量とがん発生の過剰リスクの関係
　D.L. Preston, *et al.* : Radiat. Res. **168**（2007）1 より作成.

## 4.5　放射線防護剤と放射線増感剤

　放射線の生物作用に関わる化学物質を大きく分類すると，放射線の効果を増大する要因となる**増感物質**と，逆に減少する要因になる**防護物質**の二つに分類される．**放射線防護剤**は防護物質であり，**放射線増感剤**は増感物質である．これら薬剤は，近年では，低分子化合物ばかりでなく，アミノ酸，タンパク質，細胞など多様化しており，それらの総称としてよばれることが多い．本節では放射線防護剤・増感剤の中で最も研究が進んでいる低分子型の薬剤について解説する．

### 4.5.1　放射線防護剤に求められる機能性

　放射線防護剤は，生物の放射線による影響を低減させる化合物であるが，具体的には放射線によって損傷する DNA の防護をすることを目的とした薬剤である．そのため，放射線照射前の細胞内にすみやかに導入され，さらに放射線によって細胞内に発生した活性酸素種（reactive oxygen species：ROS）の消去能や放射線による DNA の直接的な損傷の修復を促進する機能が必要となる[24]（図4.13）．また，発生した活性酸素種のうち，ヒドロキシルラジカル（・OH）（図4.14）は，特に反応性が高く酸化力が強いため，・OH の消去能を有する**ラジカル捕捉剤**が放射線防護剤として好ましいと考えられる．なお，放射線防護剤の効果を示す指標として，**線量減効率**（dose reduction factor：**DRF**）が用いられる．線量減効率とは，防護剤の有無によって同一の照射効果を得るために必要とされる

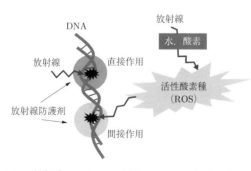

図 **4.13**　放射線による DNA 損傷における放射線防護剤の役割

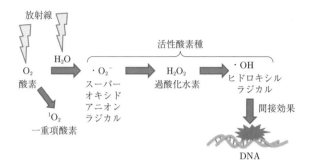

図 4.14　放射線によるヒドロキシルラジカルの発生メカニズム

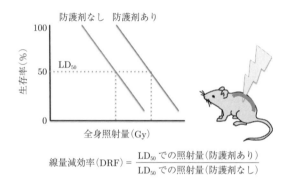

$$線量減効率（DRF）= \frac{LD_{50} \text{での照射量（防護剤あり）}}{LD_{50} \text{での照射量（防護剤なし）}}$$

図 4.15　マウスを使った放射線防護剤の線量減効率

放射線量の比である[25, 26]（図 4.15）.

## 4.5.2　放射線防護剤の種類と作用機序

　現在までに，抗酸化物質を中心に放射線防護剤として数多くの薬剤の検討がなされてきたが，その中で SH 基をもつチオール化合物は，最も有効な放射線防護剤の一つとして考えられている．チオール化合物の放射線防護の作用機序は，末端の SH 基による・OH の捕捉によって得られる[26]．また，天然の抗酸化物質であるアスコルビン酸やフラボノイドのケルセチンなどは OH 基を有しており，

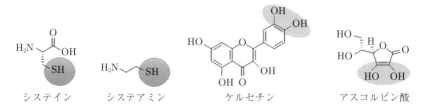

システイン　　　　シ ス テ ア ミ ン　　　　ケ ル セ チ ン　　　　アスコルビン酸

図 **4.16**　放射線防護剤のヒドロキシルラジカル捕捉部位

その部分でチオール化合物と同様に・OH の捕捉を行う(図 4.16).

### 4.5.3　代表的な放射線防護剤

#### a. 含 硫 化 合 物

(ⅰ)　アミフォスチン　　アミフォスチン(WR-2721)は,米国 Walter Reed
(ウォルターリード)米軍医療センターで放射線防御剤として開発されたチオール
化合物である.現在,頭頸部がんの放射線治療により引き起こされる口腔乾燥症
を防止するための医薬品として米国食品医薬品局(FDA)で認められている[24, 27].

(ⅱ)　**DMSO**(ジメチルスルホキシド)　　DMSO は,水溶性が高く細胞保護効
果が強いため,細胞の凍結保存時の添加剤として利用されている.・OH 消去能
を有し,細胞への吸収性が高いため,放射線防護剤として優れた特性をもつが,
細胞の分化を誘導する要因となることが明らかになっており,高濃度で使用する
場合,細胞への影響が懸念される.

## b. ニトロキシドラジカル

**TEMPOL**（4-ヒドロキシ-2,2,6,6-テトラメチルピペリジン-*N*-オキシル）
TEMPOL は安定型のニトロキシドラジカル（NO・）で，SOD 活性を有しており，活性酸素種の消去能を有している．マウスの試験で放射線防護作用を示すことが明らかにされた．また，放射線による骨髄損傷を防ぐことから，放射線治療時の防護剤としても期待できる[28]．

（化学構造図：OH, H₃C, CH₃, H₃C, CH₃, N, O・）

## c. ビタミン類

（ⅰ）**トコフェノール**　トコフェノールは脂溶性のビタミンで，ビタミンEともよばれる．抗酸化力を持ち，主に脂質の過酸化反応を阻害するため，活性酸素による細胞膜の障害を軽減する効果がある．毒性が低く安全性は高いが，単独での放射線防護効果については評価が分かれており，他薬剤との併用による防護効果の検討が中心である[27]．

（化学構造図：HO, O）

（ⅱ）**アスコルビン酸**　アスコルビン酸は水溶性のビタミンで，ビタミンCともよばれる．高い抗酸化力と安全性をもつが，酸化を受けやすく生体中での安定性が低いため，放射線防護剤として使用する場合は，高濃度で使用するなどの課題がある．ただし，臨床面では，アスコルビン酸を経口摂取（35 mg/kg；体重60 kg の人で 2.1 g）した被験者について，採血分離した白血球に放射線を照射したところ，未摂取者と比較して DNA の損傷が著しく減少していたとの報告[29]や，2011 年の福島第一原子力発電所事故の際に支援に向かった自衛隊員の一部に試験的ではあるが，アスコルビン酸を予防的に服用させた実績[30]などあり，より現実的な放射線防護剤としてその可能性を認められつつある．

#### d.　フラボノイド類

**ゲニステイン**　　ゲニステインは，大豆などのマメ科に含まれるイソフラボンの一種である．ホルモン様の活性をもち，エストロゲン受容体への作用が認められている．ほかにも抗酸化，抗菌効果などの機能性がみられるが，放射線防御に関しては，マウスの急性放射線症候群(ARS)モデルを使った骨髄細胞の保護効果やヒトにおける放射線治療時の副作用緩和などの効果が報告されている[27]．また，近年では放射線治療時に服用することで，治療効果の向上や副作用緩和についての効果が確認され，研究が進められている．

### 4.5.4　放射線防護剤開発の今後の展開

　放射線防護剤の開発は，その時代背景に大きく依存しており，冷戦時代には核兵器の使用を想定した高線量被ばくによる急性放射線症候群(ARS)に対する予防薬の開発に始まり，その後の社会状況の変化により，原子力発電所での作業者や放射線治療に携わる医療関係者など，長期間の低線量被ばくにおける健康被害を軽減する目的で使用する防護剤の需要へと薬剤に対する要望も変化してきている．一方，放射線を積極的にがんの治療に使用する放射線治療法においては，治療時の副作用低減のための放射線防御・緩和剤が必要とされている．特に，放射線治療に使用される防護・緩和剤については，正常細胞に対しての保護効果を発揮するばかりでなく，標的となるがん細胞へ影響しない，もしくは，抗腫瘍効果を有する必要があるため，薬剤として求められる機能性も高く複雑になる．近年では，単純な活性酸素種の消去物質の探索ではなく，放射線によって誘導される

正常細胞のプログラム死（アポトーシス）を防ぐサイトカインの探索など，より放射線の生物学的影響を考慮した防護剤の研究開発が精力的に進められている．このように，放射線防護剤の開発も，従来の短時間，高線量，全身被ばくを想定したものから，長時間，低線量，部分被ばくに対応した薬剤が求められ，またそれら目的に応じた多機能性も必要とされている．

### 4.5.5　放射線増感剤

放射線防護剤に対して，放射線増感剤の発展は放射線治療法の技術進歩と大きく関連がある．近年，化学療法と放射線治療法を併用した化学放射線療法が放射線治療法の新たな可能性を示す有用な治療法となっているが，使用する放射線増感剤は既存の化学療法で使用される薬剤（抗がん剤）が中心で，放射線治療法に適した新たな放射線増感剤の研究開発は大きな技術的進展がないのが現状である．本節では過去に検討された代表的な放射線増感剤について紹介し，近年の技術開発の傾向について解説する．

### 4.5.6　放射線増感剤に求められる機能性

放射線増感剤は生物の放射線による影響を向上させる化学物質で，具体的には，酸素効果が現れる低 LET 時の放射線治療法において，低酸素化した腫瘍細胞の放射線感受性の向上を目的とした薬剤として開発が進められてきた．理想的な放射線増感剤は，正常細胞には影響せず腫瘍細胞にのみ作用して増感効果が得られるものであるが，実際には効果の割に副作用の大きい薬剤が多く，臨床試験で有用性を確認された薬剤は，後述する低酸素細胞増感剤のニモラゾール程度である．また，放射線増感剤の効果を示す指標として，**増感剤効果比**（sensitizer enhancement ratio：**SER**）が用いられる．増感剤効果比とは，増感剤の有無によって同一の照射効果を得るために必要とされる放射線量の比であるが，前述した線量減効率（DRF）に比べて分母と分子の線量が逆になっている[26]（図 4.17）．

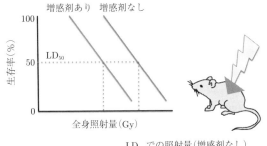

$$\text{増感剤効果比(SER)} = \frac{\text{LD}_{50}\text{での照射量(増感剤なし)}}{\text{LD}_{50}\text{での照射量(増感剤あり)}}$$

図 4.17　マウスを使った放射線増感剤の増感剤増強比

## 4.5.7　代表的な放射線増感剤

### a.　低酸素細胞増感剤

　ミソニダゾール　　ミソニダゾールは，腫瘍細胞などの低酸素細胞に関する増感効果を有する薬剤で，正常細胞(有酸素細胞)には増感効果がみられないことから，優れた放射線増感剤として期待された．しかしながら，臨床試験において神経毒性の副作用があることがわかり，投与量を制限したため，臨床試験においては有効性を示す治験結果は得られていない[26]．現在，同じニトロイミダゾール系のニモラゾールが唯一，頭頸部がん治療用の低酸素細胞増感剤として使用されている．

ミソニダゾール

ニモラゾール

### b.　DNA 前駆体擬似物質

　BUdR　　BUdR(5-ブロモデオキシウリジン)は，ハロゲン化ピリミジンの一種でDNA の前駆体であるチミジンに類似しているため，DNA 合成時にチミジンと同様に細胞内 DNA に取り込まれる．DNA に取り込まれた BUdR は，DNA

の立体構造にひずみを生じさせ，放射線照射した細胞では，DNA が切断されることにより放射線照射選択的に増感効果を発揮する．臨床試験も実施され，脳腫瘍患者に対して，抗がん剤である 5-FU(5-フルオロウラシル) と併用した治験が試みられているが，有効な治癒率を上げるには至っていない．

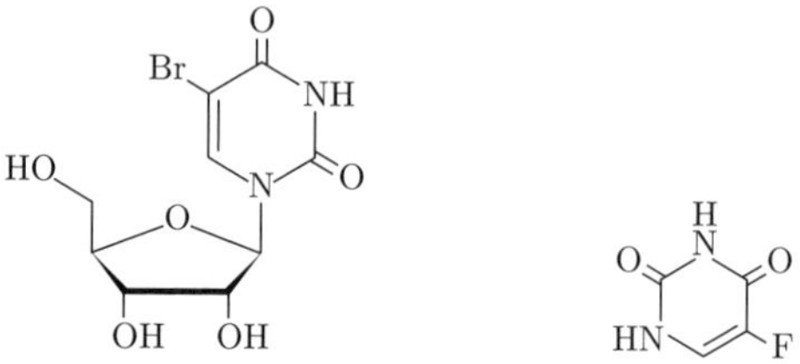

5-ブロモデオキシウリジン　　　　5-フルオロウラシル

### c.　DNA 合成阻害剤

**シスプラチン**　　シスプラチン(*cis*-ジアンミンジクロロ白金(Ⅱ))は，抗がん剤として有名であるが，放射線増感効果も有する．そのため，化学放射線療法において重要な薬剤となっている．しかしながら，シスプラチンは高い腫瘍収縮効果をもつものの，同時に強い副作用を有しているため，副作用低減の検討が進められ，シスプラチンの誘導体である**カルボプラチン**などが開発されている．

シスプラチン　　　　　　カルボプラチン

## 4.5.8　放射線増感剤開発の今後の展開

　放射線増感剤の研究開発は，放射線防護剤に比べると歴史が浅いが，近年の放射線治療法の発展とともに注目され，さまざまな新しいアイデアが検討されている．残念ながら現在までに開発された放射線増感剤に関しては，副作用の大きいものが多く，臨床試験において十分な有用性を示す薬剤の開発には至っていない．しかしながら，同時に副作用を低減する試みも進められており，誘導体合成

による低毒化やドラッグデリバリーシステム(DDS)による薬剤投与法の改善などの検討においては，ある程度の成果が得られている．また最近では，放射線防護剤の開発と同様に，安全性の高い植物由来の天然化学物質(フィトケミカル)や生物活性を有するサイトカインなどのタンパク質などを標的とした新しいタイプの放射線増感剤の検討が進められている．

## 4.6　低線量率・低線量被ばく影響

　原爆被ばく者のデータは，大きな線量を一度に被ばくした場合の影響を調べたものである．これに対して職業被ばくや事故による環境汚染からの被ばくは，慢性的な低線量率での被ばくである．そこで，マウスを用いて，一度に大きな線量を受けた場合と，じわじわと少しずつ受けた場合とでは，放射線による発がん率にどのくらい違いがあるのかを調べる実験が行われた(図 4.18)．その結果，がんの種類によって結果に違いはあるものの，概してじわじわと少しずつ被ばくするほうが，影響が小さいことがわかってきた．

　**線量・線量率効果係数**は，それぞれ高線量のリスク(被ばく線量と発生率)から，実際のデータがない低線量におけるリスクを予想する際，あるいは急性被ばくのリスクから慢性被ばくや反復被ばくのリスクを推定する際に用いられる補正値である．放射線防護を目的として，この線量・線量率効果係数をどの値にとる

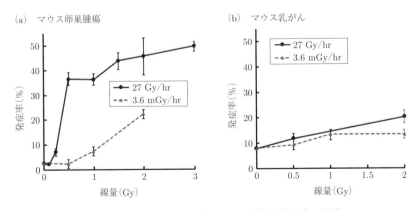

**図 4.18**　マウスを用いた実験による線量と発症率の関係
国連科学委員会(UNSCEAR)1993.

べきかについては，研究者によってさまざまな見解があるが，ICRP の勧告では，補正値として 2 が採用されている（表 4.8）．少しずつ被ばくした場合は，一度に被ばくした場合に比べ，同じ総線量を受けた場合でも，影響は半分になるとされている．

ICRP では，大人も子どもも含めた集団では，がん死亡の確率が 100 mSv あたり 0.5% 増加するとして，防護を考えることとしている．これは原爆被ばく者のデータをもとに，低線量率被ばくによるリスクを推定した値である．

現在，日本人の死因の 1 位はがんで，およそ 30% を占めている．つまりたとえば 1000 人の集団がいれば，このうちの 300 人程度が現状ではがんで死亡していることになる．これに放射線によるがんでの死亡確率を試算して加算すると，全員が 100 mSv を受けた 1000 人の集団では，生涯で 305 人ががんで死亡すると

表 4.8　各器官による線量・線量率効果係数の見積もり例

| 機　関 | 線量・線量率効果係数 |
|---|---|
| 国連科学委員会（UNSCEAR）1993 | 3 より小さい（1～10） |
| 全米科学アカデミー（NAS）2005 | 1.5 |
| 国際放射線防護委員会（ICRP）1990, 2007 | 2 |

環境省：『放射線による健康影響等に関する統一的な基礎資料　平成 27 年 7 月（第 3 版）』，「第 1 章　放射線の基礎知識と健康影響」（2015）．

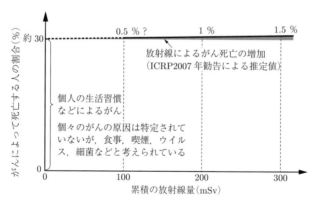

図 4.19　累積線量とがんによって死亡する人の割合の関係
　　環境省：『放射線による健康影響等に関する統一的な基礎資料　平成 27 年 7 月（第 3 版）』，「第 1 章　放射線の基礎知識と健康影響」（2015）．

推定できる（図 4.19）．しかし実際には，1000 人中 300 人というベースラインは
年や地域によって変動することから，いまのところ，病理診断のような方法でが
んの原因が放射線だったかどうかを確認することはできない．そのため，この
100 mSv 以下の増加分，つまり最大で 1000 人中 5 人という増加分について実際
に検出することはたいへん難しいと考えられている．

## 4.7　放射線ホルミシス

　放射線ホルミシスとは，電離放射線が，低線量で生物活性を刺激する可能性の
仮説である[38,39]．とくに，世界における原子力発電の黎明期には，このことが強
調されすぎていたようである．この仮説の取扱いには慎重な姿勢が必要である．
　放射線によるホルミシス効果に関する研究は，過去にさかんに実施され，社会
にも着目されてきた経緯がある．これらの研究の一部が現在も引き継がれている
ものの，低線量被ばくによる人体への良好な効果がみられるとの普遍的で科学的
なコンセンサスを得るまでには現時点では至ってはおらず，結論付けるにはさら
なる研究の進展を待たざるを得ないのが現状といえる．たとえば，電力中央研究
所原子力技術研究所放射線安全研究センターは，そのホームページの中で，放射
線ホルミシス効果に関する図 4.20 のような見解を表明していることに注意が必
要である．放射線生物影響は多面的で，一面的なデータのみで判断してはいけな
いことが述べられている．
　LNT（linear non threshold，直線しきい値なし）モデルでは説明できない現象
として，放射線ホルミシス効果が主張されることがある．しかし，ホルミシス効
果を低線量放射線の影響として一般化し，放射線リスクの評価に取り入れるのは
現時点では難しいと考える．なぜなら，原爆被ばく後生存者の寿命調査（life
span study：LSS）で LNT モデルを証明できないのと同様に，これまでに行われ
たホルミシス効果の検証実験でも統計的検出力の限界が避けられない．また，多
くの動物発がん実験で，特定の腫瘍を誘発しやすい系統の実験動物を作成して線
量反応関係を調べているのと同様に，ホルミシス効果の検証実験でも応答を検出
しやすくするために特殊な実験系が使われている．したがって，特殊な条件下で
特定の状態の患者に対する医療効果を期待することはできても，一般公衆の低線
量放射線リスクの評価に応用することは難しいといえる．

「放射線ホルミシス効果に関する見解」 2014 年 6 月 13 日

　当センターでは，1990 年代から 2000 年代前半にかけて，放射線ホルミシス効果の検証を目的とした研究を実施し，ある条件下での動物実験では，低線量の放射線によって様々なホルミシス様の効果が誘起されることを明らかにしました．しかし，現在は，主に以下の 2 つの理由からホルミシス効果を低線量放射線の影響として一般化し，放射線リスクの評価に取り入れることは難しいと考えています．

　第一に，ホルミシス効果の検証実験の多くは，健康状態にない動物(生まれつき病気になりやすい動物や，がんを移植した動物など)を対象としていることです．もともと低線量の放射線の影響は非常に検出が難しいため，応答を観察しやすくするためにこのような特殊な実験系が使われます．このような実験で得られた結果から，健康な人間に対する影響を推定することは適切ではないと考えております．

　第二に，ホルミシス効果の検証実験では，観察している指標が限定されています．例えば，活性酸素病に関する研究では活性酸素に関する指標は調べられていますが，その他生涯のがん発生率や寿命の変化など，一般の放射線影響として問題とされる指標については調べられていない場合がほとんどです．放射線の影響は多面的ですので，一面的なデータだけで判断してはならないと考えます．

　現在，当センターの Web ページに掲載している放射線ホルミシス効果に関する過去の研究成果については，上記をご理解頂きました上で閲覧して下さい．

　なお，当センターは，低線量放射線のホルミシス効果を一般公衆の放射線リスク評価に応用することは難しいと考えておりますが，医療分野等への応用について一切を否定するものではありません．ただし，当所の成果を引用して放射線ホルミシス効果を謳った商品の販売を行っている例等につきましては，当所とは一切関係ありませんのでご注意下さい(当所が特定商品の営業活動に協力することはありません)．

図 **4.20**　放射線ホルミシス効果に関する見解の例　(全文掲載)
電力中央研究所原子力技術研究所放射線安全研究センター：「放射線ホルミシス効果に関する見解」2014 年 6 月 13 日．http://criepi.denken.or.jp/jp/rsc/study/topics/hormesis.html

# お わ り に

　「はじめに」において，最近工学部 4 年生から，「放射線でがんになる」と「放射線でがんが治る」はどのように考えればいいのか，と質問を受け，その質問に明確な答えが与えられるかが本書の目的の一つともいえると述べた．著者より，その質問への回答の骨子を図に描いてみた．それぞれの事項の詳細な説明は本書の当該の節を参照されたい．本書を精読・学習した読者が，この回答を自分の言葉で説明できたことをもって，本書を完結させたい．

　次にあげた方々には，本書の一部をご執筆いただいた．ここに深く感謝の意を表したい．

柴田淳史　群馬大学未来先端研究機構 内分泌代謝・シグナル学研究部門 准教授
　　　　　（3.2.1 項）
冠城雅晃　国立研究開発法人日本原子力研究開発機構 廃炉国際共同研究センター（3.2.6 項）
芳賀昭弘　徳島大学大学院医歯薬学研究部医用画像情報科学分野 教授（3.3.5 項）
藤澤　寛　独立行政法人　医薬品医療機器総合機構（3.4，3.5 節）
砂田成章　東京医科歯科大学難治疾患研究所 分子遺伝分野　助教（3.5 節）
加藤宝光　Colorado State University, Department of Environmental & Radiological Health Sciences, Radiation Cancer Biology & Oncology section 准教授（3.6 節）
細谷紀子　東京大学大学院医学系研究科 疾患生命工学センター放射線分子医学部門 准教授（3.7 節，3.8.1 項）
小林泰彦　国立研究開発法人量子科学技術研究開発機構 高崎量子応用研究所 放射線生物応用研究部（3.8.2 項，3.9，3.10 節）
飯本武志　東京大学環境安全本部 教授（4.1〜4.4，4.6 節）
相澤　恭　カーリットホールディングス株式会社 R & D センター 副センター長（4.5 節）

（2020 年 3 月現在）

134        お わ り に

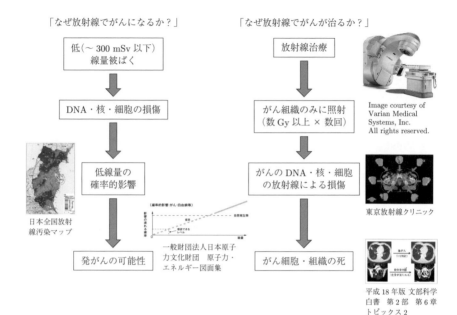

図 「なぜ放射線でがんになるか」と「なぜ放射線でがんが治るか」への回答骨子


　また編集作業にあたっては，原子力国際専攻・バイオエンジニアリング専攻上坂研究室院生諸君のご協力に厚くお礼を申し上げる．

著者一同

# 参 考 文 献

はじめに

[1] 山口彦之：『放射線生物学』第 4 版 9 刷(裳華房，2011).

[2] 江上信雄：『放射線生物学』(岩波書店，1985).

[3] 近藤宗平：『分子放射線生物学』(東京大学出版会，1976)

[4] 青山　喬，丹羽太貴 編著：『放射線基礎医学　第 12 版』(金芳堂，2013)

[5] E.J. Hall and A.J. Giaccia : *Radiobiology for the Radiologist*, 7<sup>th</sup> ed., Wolters Kluwer, Lippincott Williams & Wilkins (2012).

[6] 『ICRP Publication 103　国際放射線防護委員会の 2007 年勧告(日本語版)』((社)日本アイソトープ協会，2009).


[第 1 章]

1.3 節

[1] 山口彦之：『放射線生物学』第 4 版 9 刷(裳華房，2011).

[2] 原子力・量子・核融合事典編集委員会 編：『原子力・量子・核融合事典』「第Ⅳ分冊 量子ビームと放射線医療」，(丸善出版，2014).

[3] 日本加速器学会 編：『加速器ハンドブック』，(丸善出版，2018).

[4] M. Uesaka and K. Koyama : Reviews of Accelerator Science and Technology (RAST) **9** (2016) 235.

1.4 節

[5] 佐久間一郎 編集代表，秋吉一成，津本浩平 編集幹事：『医用工学ハンドブック』，(エヌ・ティー・エス，2022).

[6] John P. Gibbons : *Khan's The Physics of Radiation Therapy*, 6<sup>th</sup> ed. (Wolters Kluwer Health, Lippincott Williams & Wilkins, 2019).

[7] 上坂　充，中川恵一，西尾禎治，金井達明 監修：『医学物理の理工学(上・下巻)』，(養賢堂，2013).

[8] A. Brahme (Editor-in-Chief) : *Comprehensive Medical Physics*, M. Uesaka and M. Danielsson (Editor and Author) : *Volume 8 : Radiation Sources and Detectors* (Elsevier,

2014).


[第 2 章]

[1] 八木浩輔：『原子核物理学』(朝倉書店，1971).

[2] 柴田徳思 編：『放射線概論　第 13 版』(通商産業研究社，2021).

[3] 日本アイソトープ協会：『ラジオアイソトープ——基礎から取扱まで』(丸善，1990).

[4] 日本アイソトープ協会：『放射線・アイソトープ：講義と実習』(丸善，1992).


[第 3 章]

**3.1 節**

[1] 東京大学生命科学教科書編集委員会：『生命科学　改訂第 3 版』(羊土社，2009).

[2] H. Lodish 著，石浦章一ほか訳：『分子・細胞生物学　第 7 版』(東京化学同人，2016).

**3.2 節**

[3] 柴田徳思 編：『放射線概論　第 13 版』(通商産業研究社，2021).

[4] 青山　喬，丹羽太貴編著：『放射線基礎医学　第 12 版』(金芳堂，2013).

[5] A. Niimi *et al.*：Genes Chromos Camcer **55**(2016)650

[6] N.I. Nakajima, H. Brunton, R. Watanabe, *et al.*：PLOS ONE **8**(8)(2013)e70107.

[7] R. Watanabe, S. Wada, T. Funayama, *et al.*：J. Radiat. Res. **143**(2011)186.

[8] R.M. Abolfath, D.J. Carlson, Z.J. Chen, R. Nath：Phys. Med. Biol. **58**(2013)7143.

[9] S. Incerti, G. Baldacchino, M. Bernal, *et al.*：Int. J. Modelling Simul. Sci. Comput. **1**(2010) 157.

[10] M. Kaburagi, *et al*：Polym. J. **48**(2)(2016)189.

**3.3 節**

[3], [4]

[11] 尾張部克志，神谷　律：『細胞生物学』(オーム社，2009).

[12] 江島洋介，木村　博：『放射線生物学』(日本放射線技術学会，2006).

[13] E.J. Hall and A.J. Giaccia：*Radiobiology for the radiologist,* 7th ed., Wolters Kluwer, Lippincott Williams & Wilkins(2012).

[14] 『ICRP Publication 103　国際放射線防護委員会の 2007 年勧告(日本語版)』((社)日本 アイソトープ協会，2009).

**3.4 節**

[4], [11]

[15] 窪田宜夫：『放射線生物学』(医療科学社，2008).

[16] D. Cortez：J. Biol. Chem. **278**(2003)37139.

[17] H. Fujisawa, N.I. Nakajima, S. Sunada, *et al.* : Radiation Oncology **10**(2015)175.
**3.5 節**

　[3]，［4]，［11]
**3.6 節**

[13]

[18] P. Alexander : *Atomic Radiation and Life*, A Pelican Book(1965).
**3.7 節**

[19] 中村桂子，松原謙一，榊　佳之，水島　昇 監訳：『Essential 細胞生物学　原書第 5 版』(南江堂，2021)

[20] 大野みずき：福岡醫學雑誌 **101**(2010)61.
**3.8 節**

[13]

[21] 宮園浩平，石川冬木，間野博行 監訳：『デヴィータがんの分子生物学　第 2 版』(メディカル・サイエンス・インターナショナル，2017)

[22] N. Hosoya, K. Miyagawa : Cancer Sci. **105**(2014)370.

[23] 佐渡敏彦：『放射線は本当に微量でも危険なのか？』(医療科学社，2012).

[24] 土居雅広，神田玲子，米原英典，吉永信治，島田義也：『低線量放射線と健康影響』(医療科学社，2007).

[25] 佐渡敏彦，福島昭治，甲斐倫明：『放射線および環境化学物質による発がん』(医療科学社，2005).

[26] 甲斐倫明：放射線生物研究 **47**(4)(2012)379.

[27] 真鍋勇一郎，中村一成，中島裕夫，角山雄一，坂東昌子：日本原子力学会誌 **56**(11)(2014)705.

[28] 真鍋勇一郎，和田隆宏，中村一成，角山雄一，中島裕夫，坂東昌子：放射線生物研究 **50**(3)(2015)211.

[29] M. Bando *et al.*　: I. J. Radiat. Res. **95**(10)(2019)1390.

[30] 真鍋勇一郎，衣川哲弘，和田隆宏，田中　聡，角山雄一，中島裕夫，土岐　博，坂東昌子：RADIOISOTOPES **69**(7)(2020)243.

[31] N. Nakamura : Br. J. Radiol. **93**(2020)20190843.

[32] 三橋紀夫：『がんをどう考えるか—放射線治療医からの提言』(新潮社，2009).

[33] J. キーファー 著，代谷次夫 監訳，大山ハルミ，須原準平，山田武 訳：『放射線生物学 物理的基礎理論から医療・防護まで』(シュプリンガー・フェアラーク東京，1993).

[34] 近藤宗平：『人は放射線になぜ弱いか　第 3 版』(講談社，1998).

参 考 文 献
138

[35] 田中司朗，角山雄一，中島裕夫，坂東昌子：『放射線必須データ 32　被ばく影響の根拠』(創元社，2016).

[36] 舘野之男：『放射線と健康』(岩波書店，2001).

[37] 宇野賀津子：『低線量放射線を超えて』(小学館，2013).

[38] 日本保健物理学会：『暮らしの放射線 Q & A』(朝日出版社，2013).

[39] 小島正美：『誤解だらけの放射能ニュース』(エネルギーフォーラム，2012).

**3.9 節**

[40] H. Nagasawa and J.B. Little : Cancer Res. **52** (1992) 6394.

[41] N. Hamada, H. Matsumoto, T. Hara and Y. Kobayashi : J. Radiat. Res. **48** (2) (2007) 87.

[42] 小林泰彦，舟山知夫，浜田信行ほか：放射線生物研究 **43** (2) (2008) 150.

[43] 松本英樹，前田宗利，冨田雅典：放射線生物研究 **50** (1) (2014) 18.

[44] G. Olivieri, J. Bodycote, S. Wolff : Science **223** (1984) 594.

[45] M. Yonezawa, J. Misonoh, Y. Hosokawa : Mutat. Res. **358** (1996) 237.

**3.10 節**

[23]，[42]

[46] 渡邊立子：放射線生物研究 **47** (4) (2012) 335.

[47] M. Tomita and M. Maeda : J. Radiat. Res. **56** (2) (2015) 205.

**[第 4 章]**

[1] 環境省：『放射線による健康影響等に関する統一的な基礎資料　平成 27 年 7 月 (第 3 版)』(2015).

[2] 『ICRP Publication 103　国際放射線防護委員会の 2007 年勧告』((社) 日本アイソトープ協会，2009).

[3] 『ICRP Publication 60　国際放射線防護委員会の 1990 年勧告』((社) 日本アイソトープ協会，1991).

[4] 『ICRP Publication 99　放射線関連がんリスクの低線量への外挿』((社) 日本アイソトープ協会，2011).

[5] 柴田徳思 編：『放射線概論　第 13 版』(通商産業研究社，2021).

**4.2 節**

[6] W. Dorr, J.H. Hendry : Radiother. Oncol. **61** (2001) 223.

[7] A. Michalowski : Radiat. Environ. Biophys. **19** (1981) 157.

[8] T.E. Wheldon, A.S. Michalowski, J. Kirk : Br. J. Radiol. **55** (1982) 759.

[9] P. Rubin, J.N. Finklestein, J.P. Williams : *Paradigm shifts in the radiation pathophysiology of late effects in normal tissues : molecular vs classical concepts* in J.S. Tobias and

P.R.M. Thomas(Eds)：*Current Radiation Oncology, Vol. 3*(Arnold, 1998).

[10] A.J. Van der Kogel：*Radiation response and tolerance of normal tissues* in G.G. Steel (Ed)：*Basic Clinical Radiobiology*(Arnold, 2002).

[11] UNSCEAR：*Sources, Effects and Risks of Ironizing Radiation*(United Nations, 1988).

[12] NUREG：*Probabilistic accident consequence uncertainty analysis, Early hearth effects uncertainty assessment, CR-6545/EUR 16775*(US Nuclear Regulatory Commission, Washington DC, USA, and Commission of the European Communities, 1997).

**4.3 節**

[13] UNSCEAR：*Effects of Ionizing Radiation, Vol. I*(United Nations, 2006).

[14] D.E. Thompson, K. Mebuchi, E. Ron, *et al.*：1994. Radiat. Res. **137**(1994)S17.

[15] D.L. Preston, S. Kusumi, M. Tomonaga, *et al.*：Radiat. Res. **137**(1994)S68.

[16] D.A. Pierce, D.O. Stram and M. Vaeth：Radiat. Res. **123**(1990)275.

[17] D.L. Preston, E. Ron, S. Tokuoka, *et al.*：Radiat. Res. **168**(2007)1.

[18] UNSCEAR：*Sources and Effects of Ionizing Radiation, Vol. II Effects*(United Nations, 2000).

[19] IARC：*IARC monographs on the evaluation of carcinogenic risks to humans, Vol. 75, Ionizing radiation, part I : X and gamma radiation and neutrons*(IARC Press, 2000).

[20] IARC：*IARC monographs on the evaluation of carcinogenic risks to humans, Vol. 78, Ionizing radiation, part II : some internally deposited radionuclides*(IARC Press, 2001).

[21] S. Darby, D. Hill, A. Auvinen, *et al.*：Br. med. J. **330**(2005)223.

[22] D. Krewski, J.H. Lubin, J.M. Zielinski, *et al.*：Epidemiology **16**(2005)137.

[23] J.H. Lubin, Z.Y. Wang, J.D. Boice Jr., *et al.*：Int. J. Cancer **109**(2004)132.

**4.5 節**

[24] E.J. Hall and A.J. Giaccia：*Radiobiology for the Radiologist*, 7th ed., Wolters Kluwer, Lippincott Williams & Wilkins(2012).

[25] J.E. コルグ 著，渡邉 真 訳：『放射線の生物作用(モダンサイエンスシリーズ)』(共立出版，1977).

[26] 窪田宜夫，岩波 茂：『放射線生物学』(医療科学社，2008).

[27] E.M. Rosen, R. Day and V.K. Singh：Front Oncol. **4**(2014)381.

[28] S.M. Halm, *et al.*：Free Rad. Biol. Med. **22**(1997)1211.

[29] M.H. Green, *et al.*：Mutat. Res. **316**(2)(1994)91.

[30] Y. Ito, M. Kinoshita, T. Yamamoto, *et al.*：Int. J. Mol. Sci. **14**(2013)19618.

**4.6 節**

[18]

[31] UNSCEAR : *Sources, Effects and Risks of Ionizing Radiation, No. E. 94. IX. 2*(United Nations, 1993).

[32] NCRP : *Evaluation of the linear-non threshold dose-response model for ionizing radiation*, NCRP Report No. 136 (National Council on Radiation Protection and Measurements, 2001).

[33] EPA : *Estimateing Radiogenic Cancer Risks*, EPA Report 402-R-00-003(Environmentel Protection Agency, 1999).

[34] C.E. Land, J.D. Boice Jr., R.E. Shore, *et al.* : J. Natl. Cancer Inst. **65**(1980)353.

[35] D.L. Preston, Y. Shimizu, D.A. Pierce, *et al.* : Radiat. Res. **160**(2003)381.

[36] D.L. Preston, D.A. Pierce, S. Shimizu, *et al.* : Radiat. Res. **162**(2004)377.

[37] D.A. Pierce, D.L. Preston : Radiat. Res. **154**(2000)178.

**4.7 節**

[38] T.D. Luckey 著，松平寛通 監訳：『放射線ホルミシス』(ソフトサイエンス社，1990).

[39] T.D. Luckey 著，松平寛通 監訳：『放射線ホルミシス(2)』(ソフトサイエンス社，1993).

[40] 中村仁信：『低量放射線は怖くない』(遊タイム出版，2011)p. 99.

[41] 電力中央研究所原子力技術研究所放射線安全研究センター：「放射線ホルミシス効果に関する見解」2014 年 6 月 13 日，http://criepi.denken.or.jp/jp/rsc/study/topics/hormesis.html

# 索　引

# 東京大学工学教程

編纂委員会　染　谷　隆　夫（委員長）
　　　　　　相　田　　　仁
　　　　　　浅　見　泰　司
　　　　　　大　久　保　達　也
　　　　　　北　森　武　彦
　　　　　　小　芦　雅　斗
　　　　　　佐　久　間　一　郎
　　　　　　関　村　直　人
　　　　　　高　田　毅　士
　　　　　　永　長　直　人
　　　　　　野　地　博　行
　　　　　　原　田　　　昇
　　　　　　藤　原　毅　夫
　　　　　　水　野　哲　孝
　　　　　　光　石　　　衛
　　　　　　求　　　幸　年（幹　事）
　　　　　　吉　村　　　忍（幹　事）

原子力工学編集委員会　関　村　直　人（主　査）
　　　　　　石　川　顕　一
　　　　　　石　渡　祐　樹
　　　　　　糸　井　達　哉
　　　　　　上　坂　　　充
　　　　　　笠　原　直　人
　　　　　　勝　村　庸　介
　　　　　　工　藤　久　明
　　　　　　小　佐　古　敏　荘
　　　　　　斉　藤　拓　巳
　　　　　　高　橋　浩　之
　　　　　　出　町　和　之
　　　　　　山　口　　　彰

2022 年 8 月

編著者の現職

**上坂　充**（うえさか・みつる）
東京大学大学院工学系研究科原子力専攻　教授

**石川顕一**（いしかわ・けんいち）
東京大学大学院工学系研究科原子力国際専攻　教授

東京大学工学教程　原子力工学
放射線生物学

令和 4 年 9 月 30 日　発　行

編　　者　　東京大学工学教程編纂委員会

編 著 者　　上坂　充・石川　顕一

発 行 者　　池　田　和　博

発 行 所　　丸善出版株式会社
　　　　　　〒101-0051 東京都千代田区神田神保町二丁目17番
　　　　　　編集：電話（03）3512-3261／FAX（03）3512-3272
　　　　　　営業：電話（03）3512-3256／FAX（03）3512-3270
　　　　　　https://www.maruzen-publishing.co.jp

Ⓒ The University of Tokyo, 2022

組版印刷・製本／三美印刷株式会社

ISBN 978-4-621-30751-9 C 3345　　　　　Printed in Japan

**JCOPY** 〈（一社）出版者著作権管理機構 委託出版物〉
本書の無断複写は著作権法上での例外を除き禁じられています．複写
される場合は，そのつど事前に，（一社）出版者著作権管理機構（電話
03-5244-5088，FAX 03-5244-5089，e-mail：info@jcopy.or.jp）の許諾
を得てください．